U0281838

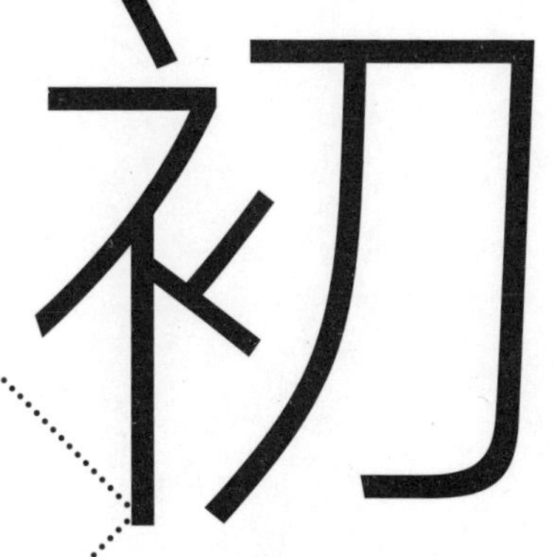

最初三分钟

THE FIRST
THREE MINUTES

Steven
Weinberg

关于宇宙起源的
现代观点

[美] 史蒂文 · 温伯格 著
王 丽 译

重庆大学出版社

最初
三分钟

第二版前言

近来，天文学知识的发展已基本证实，在 1977 年《最初三分钟》首次出版时，人们对于宇宙理论的总体理解大致是正确的。但在过去的 16 年中，各种没有把握的问题已经得到解决；新的问题也已出现；对最初一秒钟之前这段时间的宇宙的早期历史也已提出了新的想法。因此，我很高兴借着这次出版新版《最初三分钟》的机会增补后记，使本书内容得以更新。我要感谢基础读物出版社的马丁·凯斯勒，感谢他对于新版《最初三分钟》所作的指导。另外，我还要感谢保罗·夏皮罗和伊桑·维什尼亚克对后记提出的宝贵意见。

史蒂文·温伯格

于得克萨斯州奥斯汀

1993 年 4 月

前言

本书缘于 1973 年 11 月我在哈佛大学本科生科学中心落成典礼上所做的一次演讲。基础读物出版社的社长兼发行人欧文·格莱克斯从我们一个共同的朋友——丹尼尔·贝尔那里听说了这次演讲的内容，于是劝我将其整理成书。

起初，我对这个主意并不热心。尽管我也一直在作一些关于宇宙学方面的研究，但我主要涉及的领域还是基本粒子理论，即极小物质的物理学。另外，关于基本粒子物理学的研究在过去几年中甚为活跃，而我却把过多的时间用在了别处——为各种杂志撰写非专业性文章。因此，我迫切希望将注意力重新转移到本应属于我的专业领域——《物理学评论》。

但我发现我无法停止思考：撰写一本关于早期宇宙的书。有什么能比创世纪的问题更有趣呢？而且，在宇宙的早期，特别是在最初百分之一秒的时候，基本粒子理论的问题和宇宙学的问题融合在了一起。最重要的是，现在是写一些关于早期宇宙内容的大好时机。因为，在过去的几十年中，一种关于早期宇宙事件发展过程的详细理论，作为一种“标准模型”，已得到了广泛的认可。

能够说出在最初一秒钟、最初一分钟或最初一年，宇宙是什么样子，那真是一件非常了不起的事情。对于一个物理学家来说，令人兴奋的是能够量化地把情况弄清楚，能够说出某个时刻宇宙的温度、密度和化学成分是这样的或那样的数值。的确，到目前为止，我们对这些数值的准确性还都没有绝对的把握，但起码我们现在在谈论这些事情的时候能够有一点自信，这就足以让人兴奋不已了。我想向读者表达的也正是这种兴奋。

我最好对本书所面向的读者作一说明。我是根据这样一些读者的情况来撰写本书的：他们愿意对一些详细的论证进行思考，但对数学和物理又不在行。尽管我必须介绍一些较为复杂的科学思想，但在本书正文中却没有使用超出算术范围的数学，也不需要读者事先具备多少物理或天文学知识。对于初次用到的科学术语，我都小心地给出了定义。此外，我还提供了一份物理学和天文学术语词汇表。在可能的情况下，我还对数字采取了诸如“1 000 亿”的写法，而不是使用更为方便的科学记数法：10^{11}。

然而，这并不意味着我要写一本简易读物。当一个律师面向普通公众写东西时，他会假设他们不了解法律专用术语，也不懂“禁止永久拥有房产”的规定，但他并不会把事情想得更糟，也不会摆出一副屈尊俯就的模样。我想把这一句恭维话反过来使用：我心目中的读者是一些精明的资深律师，虽然他们讲的不是我的语言，但却想先听一听某些令人信服的论点，然后再拿主意。

如果有些读者确实想了解作为本书论据基础的运算，那么，针对这部分读者，我编写了“数学注释”，附在本书正文之后。关于本书内容所涉及的数学知识，如果是物理学或数学专业毕业的本科生，那么，他一定能够理解这些注释。幸运的是，宇宙学中最重要的运算其实是很简单的；诸如广义相对论或核物理那些更精妙的观点只是偶尔才发挥作用。如果有些读者想针对这一论题进行更深入的专业性探索，可参考“参考文献”中所列的那些高级论文（也包括我写的论文）。

另外，我还要明确指出本书将要探讨的主题。它并不是一本全面探讨宇宙的鸿篇大作。本书的主题中有一个“古典”部分，即关于当前宇宙大规模结构的部分：关于旋涡星云银河系系外性质的辩论；关于遥远星系红移的发现及其与距离的依赖性；关于爱因斯坦、德西特、勒梅特和弗里德曼的广义相对论宇宙模型等。很多著作都已经对宇宙学的这部分内容作了精辟的论述，因此，我并不想在本书中再大费口舌地重新论述一遍。

我所撰写的这本书更多关注的是早期宇宙的情况，特别是人们在 1965 年根据宇宙微波背景辐射的发现所提出的关于早期宇宙的新认识。

当然，宇宙膨胀理论是我们当前关于早期宇宙认识的一个基本组成部分，因此，我不得不在第 2 章中简单介绍一些宇宙学的“古典”内容。我认为这一章为读者（包括那些完全不了解宇宙学的读者）提供了充分的背景知识，以便帮助他们了解本书其余章节所论述的内容，即早期宇宙理论的最新发展情况。但如果有些读者想彻底了解关于宇宙学的更详尽的内容，则需参阅“参考文献”中所列的那些著作。

另外，由于没能找到条理清晰的关于宇宙学近期发展的历史论述，我不得不自己做些挖掘工作，特别是关于为何在 1965 年之前的很长一段时间内没有人研究宇宙微波背景辐射这一令人着迷的问题（第 4 章对本问题进行了探讨）。但这并不意味着本书纯粹只是记录这些进展的情况——我非常尊重人们在科学史研究工作中所做的努力以及他们对此所给予的关注，因此，我不会在这方面有任何幻想；相反，如果某个真正的科学家、史学家愿意把本书当作起点，去撰写过去 30 多年关于宇宙学研究的历史的话，我会非常高兴。

我非常感谢基础读物出版社的欧文·格莱克斯和法雷尔·菲利普斯在本书出版过程中提出的宝贵意见。我还要感谢那些在我撰写这本书的过程中给予我帮助的物理学和天文学界的同人们，他们也向我提出了善意的忠告，对此我感激不尽。我尤其要感谢拉尔夫·阿尔弗、伯纳德·伯克、罗伯特·迪克、乔治·菲尔德、加里·范伯格、威廉姆·福勒、罗伯特·赫尔曼、弗雷德·霍伊尔、吉姆·皮布尔斯、阿诺·彭齐亚斯、比尔·普雷斯、埃德·珀塞尔和罗伯特·瓦格纳等，他们不辞辛劳，分别阅读了本书的各个章节，并提出了建议。另外，我还要向伊萨克·阿西莫夫、I. 伯纳德·科恩、马撒·利勒和菲利普·莫里森表达感激之情，感谢他们向我提供了关于各个专题的信息。我尤其想对奈杰尔·考尔德表示谢意，感谢他从头到尾阅读了整个初稿，并提出了宝贵的意见。我不敢奢望本书现在已经没有任何差错和晦涩难懂的地方，但我敢肯定，若非有幸得到所有这些慷慨的帮助，它是不会像现在这样清晰、准确的。

史蒂文·温伯格

于马萨诸塞州坎布里奇大学

1976 年 7 月

CONTENTS

目录

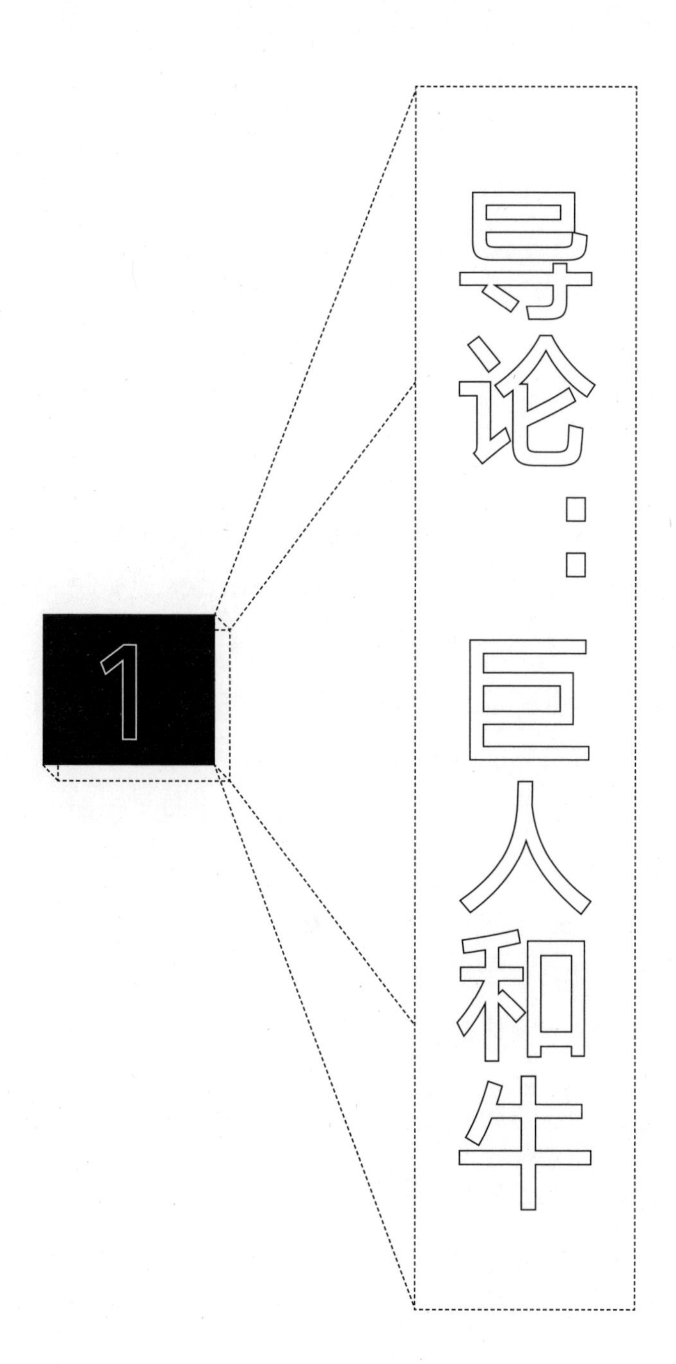

1 导论：巨人和牛

关于宇宙的起源，冰岛文学巨匠斯诺里·斯托里森在1220年左右编纂的斯堪的纳维亚神话集《新埃达》里写道："最初是一无所有的。既没有地，也没有天，只有一个裂口，也没有草原。而在这混沌虚无的北方和南方，则是冰雪的区域尼夫尔翰和火的区域木斯皮尔翰。木斯皮尔翰的火融化了尼夫尔翰的冰，在融化的水中产生了巨人伊默，伊默吃什么呢？好像还有一头牛阿豪姆拉，那牛又吃什么？哦，好像还有一些盐，故事就这样一直继续下去。"

我可不想触犯宗教感情，哪怕是北欧海盗的宗教感情也不行。但我得承认这样描述宇宙的起源是不能令人满意的。即使不说对那些无稽之谈的非议，就故事本身而言，这个故事所产生的问题与它所提供的答案一样多，而且每个答案都使初始状态变得更为复杂。

我们不能仅对此书一笑了之，并且坚决放弃所有的宇宙学推测——追溯宇宙的历史起源，这种念头是不可抗拒的。自 16 世纪和 17 世纪现代科学诞生以来，物理学家和天文学家就在不断地研究宇宙起源的问题。

但这些研究一直笼罩在一种不体面的氛围下。我记得，当我还是个学生以及后来在 20 世纪 50 年代开展研究工作（当时研究的是其他问题）时，人们就普遍认为，研究早期宇宙是体面的科学家不屑为之的事情。这种观点也不无道理。纵观整个现代物理学和天文学历史，用来构建早期宇宙史的观测和理论基础压根就不存在。

然而，在过去的 10 年中，所有这一切都发生了变化。人们普遍接受了一种早期宇宙理论，天文学家们将这种理论称为“标准模型”。它与我们所说的“大爆炸”理论基本相同，只不过它对宇宙成分的认识更加具体，而这种早期宇宙理论正是本书所关注的论题。

为了便于理解，或许应该首先根据当前标准模型所理解的早期宇宙的历史作一概述。但这里仅仅是一个简要说明，我们会在接下来的章节中对这一历史及相信它的理由作出详细解释。

起初，发生了一次爆炸。这个爆炸不同于我们所熟悉的地球上的那些爆炸，即先从一个明确的中心开始，然后向四周扩散，周围被吞噬的空气越来越多。这个爆炸是在各个地方同时发生的，从一开始便充满了整个空间，每个物质粒子都与其他粒子迅速分离开来。这里的“所有空间”可以指整个无穷宇宙，也可以指像球面那样蜿蜒曲回的有穷宇宙。无论哪种情况都不易被理解，但这并无大碍。空间到底是有穷的还是无穷的，这对早期宇宙的研究来说并不重要。

在爆炸后大约 0.01 秒的时间，即我们能够自信地谈论的最早时间里，宇宙的温度大约是 1 000 亿（10^{11}）摄氏度。这一温度甚至比最热的恒星中心的温度还要高。在这种高温条件下，普通物质的组成成分，包括分子、原子，甚至是原子核都无法聚集在一起；相反，在这一爆炸过程中迅速分离的物质是由各种所谓的基本粒子组成的，而基本粒子正是现代高能核物理所研究的课题。

在这本书中，我们将会反复提到这些粒子——在这里，仅指出早期宇宙中数量最多的那些粒子就已足矣，更详细的解释将会在第 3 章和第 4 章中进行讨论。大量存在的一种粒子是电子，即带负电的粒子，它能以电流的形式通过电线，它形成了当前宇宙中所有原子和分子的外壳。早期宇宙中大量存在的另一种粒子是正电子，即带正电的粒子，与电子质量完全相同。在当前宇宙中，只有在高能实验室、某些放射现象、某些剧烈的天文学现象（如宇宙射线和超新星现象）中才能发现正电子。但在早期宇宙中，正电子的数量与电子的数量不相上下。除电子和正电子之外，还有数量大致相同的各种中微子，即没有质量或电荷的粒子，仿若虚无缥缈的幽灵一般。最后，宇宙中还充满光。对此，不必与粒子区别对待，量子理论告诉我们，光是由零质量、零电荷的粒子——光子组成的（每当灯丝中的一个原子从高能状态转变为低能状态时，都会释放出一个光子。从灯泡中释放出来的光子非常多，看上去它们就像汇集成了一条连续的光束，但通过光电池，我们可以准确计算出光子的数量）。每个光子都携带着一定数量的能量和动量，其数量大小取决于光的波长。为了描述充斥在早期宇宙中的光线，一般可以这样认为，光子的数量和平均能量与电子、正电子或中微子的大致相同。

这些粒子（电子、正电子、中微子和光子）不断地从纯能量中产生出来，短暂存在后又湮灭了。因此，它们的数量不是早就注定的，而是由产生与湮灭过程的平衡所决定的。根据这一平衡，我们可以推断出，在温度高达 1 000 亿度的条件下，宇宙的密度约为水的 40 亿（4×10^{9}）倍。此外，宇宙场内还掺有少量杂质，它们由较重的粒子（质子和中子）组成，是原子核的组成成分（质子带正电；中子稍重且不带电）。其比例大约为每 10 亿个电子（或正电子、中微子、光子）对一个质子和中子。为了设计宇宙的标准模型，需要确定的这个数值，即每一个核粒子中就有 10 亿个光子，是必须从观测中获得的关键数值。我们在第 3 章中讨论的宇宙微波背景辐射的发现实际上就是对这一数值的检测。

随着爆炸的继续，温度开始下降，约十分之一秒后下降到 300 亿（3×10^{10}）摄氏度；约一秒后下降到 100 亿度；

约 14 秒后下降到 30 亿度。这一温度已经非常低了，在这种低温条件下，电子和正电子开始湮灭，湮灭速度比它们从光子和中微子中被重新产生出来的速度还要快。物质在湮灭过程中所释放出来的能量暂时减慢了宇宙冷却的速度，但温度仍在持续下降，最终在最初三分钟结束时降到了 10 亿度。这种温度非常低，能使中子和质子开始组合成复合的原子核。首先形成的是重氢（或氘）核，它是由一个质子和一个中子组成。由于这时它的密度仍然非常高（比水的密度稍低），因此，这些轻核能迅速组合成最稳定的轻核，即氦核，它由两个质子和两个中子组成。

在最初三分钟结束时，宇宙的组成主要是光、中微子和反中微子。仍有少量的核物质，由 73% 的氢和 27% 的氦组成。此外，还有从电子与正电子湮灭时期遗留下来的少量电子，数量与核物质相同。这些物质继续迅速分离，温度变得越来越低，密度变得越来越小。几十万年之后，温度降到足够低。在这样的温度条件下，电子能够与核相结合，形成氢原子和氦原子。由此产生的气体在引力作用下开始形成气团，并最终凝聚形成当今宇宙的星系和恒星。然而，恒星在形成时期所包含的成分正是在最初三分钟里所产生的那些成分。

上述标准模型并非想象范围内关于宇宙起源的最佳理论。正如《新埃达》一样，它对宇宙的起点，或者大约最初百分之一秒的说法总是有些模糊不清，让人难以理解。另外，还需要确定起始条件，特别是光子和核粒子的最初比例是否为 10 亿比 1，这是令人异常头痛的一件事情。如果这个理论能够提出更为准确的逻辑必然性，那就最好不过。

比如，从哲学角度来看，另一个更有吸引力的理论是所谓的“稳恒态模型”。20 世纪 40 年代末，赫尔曼·邦迪、托马斯·戈尔德和弗雷德·霍伊尔（其表述方式与其他人稍有不同）提出了这一理论。根据这个理论，宇宙基本上就一直是现在这个样子。随着它的膨胀，新物质不断被创造出来，填补了星系间的空隙。从潜在可能性上讲，有关宇宙为何是目前这种状况的问题都可用这一理论来回答。可以说，它之所以是这样，是因为这是它能够保持不变的唯一方法。宇宙起源问题被排除了，因为根本就不存在早期宇宙。

那我们是如何得出“标准模型”的呢？它又是如何取代其他理论，如稳恒态模型的呢？这个共识的取得不是因为哲学倾向的转变，也不是因为受天体物理学界名流的影响，而是从经验中得到的数据结果，是对现代天体物理学必备的客观性的赞美。

接下来的两章将说明让我们得出标准模型的两个重要线索，即发现遥远星系后退和发现充斥在宇宙中的微弱无线电静电，它们都是从天文观测中发现的。对科学史学家来说，这是一个内容丰富的故事：既有错误的开端，错失的良机，又有理论上的先入为主和个性的展示。

综述完科学家们观测到的宇宙学现象之后，我试图将零散的数据汇总在一起，刻画出一幅连贯清晰的早期宇宙物理状况图。这样，我们就能追溯到更为详细的宇宙最初三分钟的状况了。在追溯过程中，可以采用电影似的处理方法，即一格一格地观察宇宙如何膨胀、如何冷却、如何形成。另外，我们还试图窥探对我们来说仍是谜一般的时代——最初百分之一秒以及之前的那段时间。

我们对这个标准模型真的有把握吗？会不会有新的发现推翻它，并使用其他宇宙起源学说取代当前的标准模型？甚至会不会复兴稳恒态模型？我无法否认在描述最初三分钟时，总有一种不真实感，我们是否真的知道自己在谈论什么。

然而，即使标准模型最终会被取代，它仍然在宇宙学史上发挥过非常重要的作用。目前，人们很是推崇通过标准模型去检验物理学和天文物理学的理论思想（尽管这只是近十年的事情）。另外，使用标准模型作为理论基础来证明天文观测项目是否可行也已成为司空见惯的事情。因此，标准模型提供了一种不可或缺的语言，使理论家和观测人员能够互相理解各自所做的工作。如果标准模型有朝一日被一种更好的理论所取代，那或许也是因为人们根据标准模型得出了更好的观测结果或计算结果。

在最后一章中，我会简单谈一谈宇宙的未来。它可能会一直膨胀下去，变得越来越寒冷、越来越空旷、越来越死寂；或者，它也有可能再次收缩，将星系、恒星、原子和原子核分解，使它们重新恢复到原本的组成粒子。到那时，在预测最后三分钟的事件进程时，我们在理解最初三分钟所面临的所有问题又将重新出现。

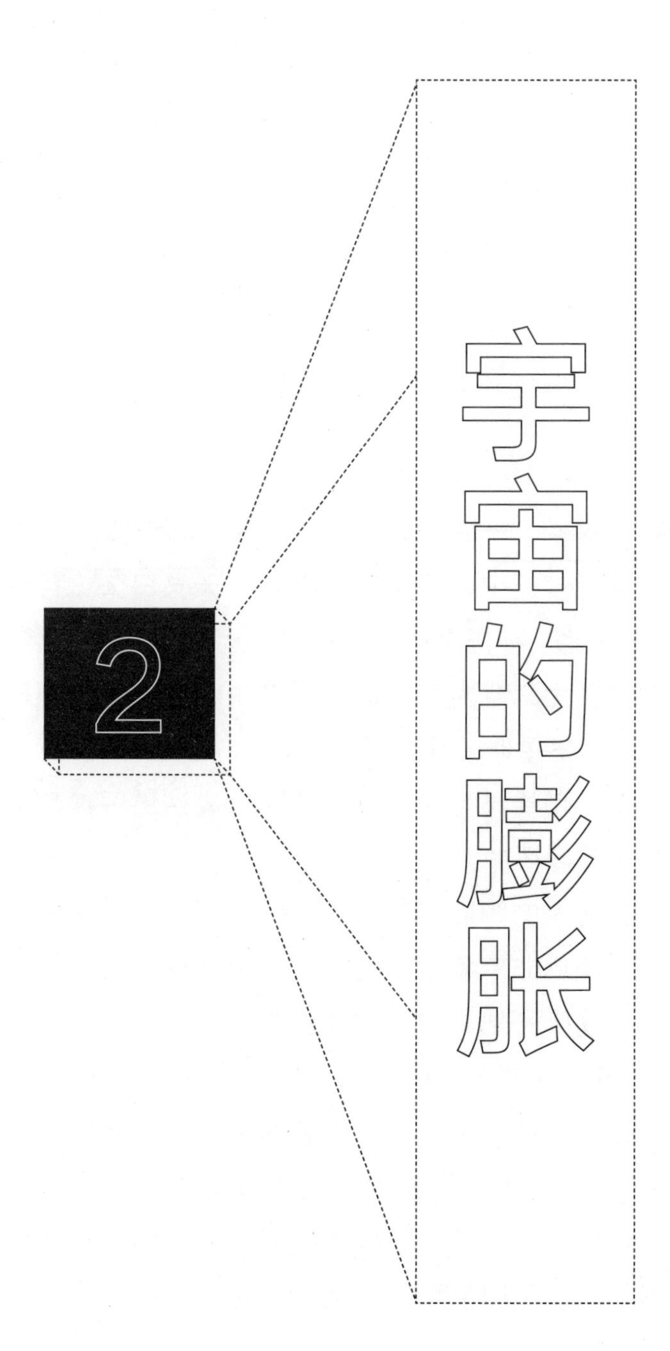

2 宇宙的膨胀

黑夜的星空，一眼望去，宇宙似乎一成不变。的确，浮云掠过月亮，天空绕着北极星旋转，天长日久，月亮盈亏，与行星一道，在恒星组成的背景上运动。但我们清楚，这些只不过是太阳系内部的运动所产生的局部现象而已。在行星背后，恒星似乎静止不动。

事实上，恒星是运动的，运动速度高达每秒钟几百千米。因此，速度快的恒星一年内可运行约 100 亿千米。这比到最近的恒星的距离还少 1 000 倍，所以它们在天空中的表面位置变化非常缓慢（例如，被称为伯纳德星的这颗恒星的运动速度较快，它的距离约为 5 600 万千米；伯纳德星以 89 千米 / 秒或 280 亿千米 / 年的速度穿越视线，即使是以这样的速度运行，它的表面位置在一年内也仅改变 0.002 9°）。天文学家称天空中临近恒星的表面位置变化为“自行”。较远的恒星在天空中的表面位置变化得非常缓慢，即使是用最耐心的观测法也无法检测到它们的自行。

在这里，通常会发现那种静止不变的印象只是我们的幻觉。接下来在本章中将要讨论的观测结果显示，宇宙实际上处于一种剧烈的爆炸状态，被称为星系的巨大宇宙岛正以接近光速的速度分离开来。另外，我们还可以从时间上往后推断这个爆炸，并认为所有星系的距离在过去同一时间一定比现在接近得多。事实上，它们是如此接近，无论是星系还是恒星，甚至是原子或原子核都无法单独存在。这就是被我们称为“早期宇宙”的时期，也是本书所要讨论的论题。

我们对宇宙膨胀的了解完全取决于这一事实，即天文学家能够直接沿视线方向测量发光体的运动，使用这种方法所得出的测量结果比从垂直于视线方向测量所得出的结果要准确得多。这一技术使用了大家所熟悉的一种特性，即多普勒效应，这是任何类型的波运动所共有的一种特性。当人们观察处于静止状态的波源的声波或光波时，各个波峰到达观测仪器的时间与它们离开波源的时间是相同的。如果波源正远离我们，那在连续波峰离开波源的这段时间里，它的到达时间会不断增加，因为每个波峰在到达这里之前，其路程都要比上一个波峰稍远。我们用波长除以波速，即可得出各个波峰到达时的时间，因此，由正在远离的波源所发出的波长，似乎比波源处于静止状态时要长（具体来讲，波长的分数增加值是由波源速度与波速本身之间的比率决定的，参见书后数学注释 1）。同样，如果波源正向我们靠近，那各个波峰到达时的时间则会缩短，因为每个连续波峰需要走的路程也在缩短，波长似乎也越来越短。这就好比一位推销员出发去旅行，在旅途中，他要每周定期寄出一封家书一样。当他离开家的时候，每封信的路程都比上一封稍远，因此他的信的到达时间也会相差一周多一点；当他返回家的时候，每封信的路程都比上一封稍近，因此它们到达的频率比每周一封要多。

目前，观测作用于声波上的多普勒效应并非难事。站在高速路边上，你会发现高速行驶的汽车在驶来时的声音比驶离时的声音要高（即波长短）。多普勒效应是由奥地利数学教授约翰·克里斯蒂安·多普勒于 1842 年在布拉格实科学校首次提出的，其内容是关于光波和声波的状况。1845 年，荷兰气象学家克里斯托弗·迪特里希·白贝罗通过一个有趣的实验检验了多普勒声波效应，他使用一个小号乐队作为运动声源，这个小号乐队站在火车敞篷车厢里面，火车从荷兰乌德勒支附近的乡村疾驰而过。

多普勒认为他的理论或许能解释恒星拥有不同颜色的原因。假设有一颗恒星正远离地球，其发出的光线将转变为较长的波长，因为红光的波长比可见光的平均波长要长，因此，这颗恒星可能看上去比其他一般恒星要红。同样，假设有一颗恒星正向地球靠近，其发出的光线将转变为较短的波长，那么，这颗恒星可能看上去更蓝。但白贝罗和其他人很快指出，多普勒效应实质上与恒星的颜色无关。的确，如果一颗恒星正远离地球，其发出的蓝色光将转变为红色，但同时，这颗恒星通常不可见的紫外光也会转变为可见光谱的蓝色部分，因此，整体颜色几乎保持不变。恒星的颜色不同，主要是因为它们的表面温度不同。

但无论如何，在 1868 年，当多普勒效应被应用于个体光谱线的研究时，的确对天文学产生过巨大的影响。若干年前，即 1814—1815 年，慕尼黑光学家约瑟夫·夫琅和费发现，当太阳光通过一条狭缝，然后再通过一个玻璃棱镜时，所产生的色谱上纵横交错着数百条黑线，每一条黑线都是狭缝的映像（实际上，早在 1802 年，威廉姆·海德·沃拉斯通就已发现了其中一些黑线，但当时并未进行深入研究）。黑线总是存在于同样的颜色中，每条黑线都与一个具体的光波长相对应。夫琅和费还在月亮和较亮的恒星光谱的相同位置发现了相同的黑色光谱线。他很快意识到，这些黑线是由某些特定波长光线的选择性吸收产生的，因为光是通过温度较低的外层表面穿过恒星热表面发射过来的。由于每条黑线都是由一个特定的化学元素选择性吸收光线产生的，因此，可以确定太阳上的元素，如钠、铁、镁、钙和铬，与在地球上发现的这些元素是相同的（现在人们所知道的黑线的波长是指该波长的光子恰好通过适当能量将原子从低能量状态提升到激发状态的波长）。

1868 年，威廉姆·哈金斯爵士指出，一些较亮恒星的光谱中的黑线正从它们在太阳光谱中的正常位置向红或蓝的方向稍作偏移，他称之为多普勒偏移，这种说法非常准确，因为恒星正远离或靠近地球。例如，五车二恒星光谱中的每条黑线波长比太阳光谱中相对应的黑线波长要长0.01%；向红色方向偏移说明五车二恒星正以 0.01% 的光速，或以 30 千米 / 秒的速度远离我们。在接下来的几十年中，多普勒效应被用于日珥、双星以及土星环的速度研究。

通过多普勒偏移的观测结果来测量速度，是一种具有内在精确性的技术，因为可以更准确地测量光谱线的波长；用长达 8 位数的有效数字来表示波长并不少见。另外，无论光源有多远，只要夜空辐射背景下存在选择光谱线的足够光线，这一技术就能确保其精确性。

通过应用多普勒效应，我们了解到本章开头所提到的星球速度的典型数值。多普勒效应还为我们提供了线索来了解邻近恒星的距离；如果能假设一个恒星的运动方向，那么通过多普勒偏移就能得出它穿过我们的视线以及沿我们的视线运行的速度，因此，如果能对恒星穿过天球以自行进行测量，即可得知它的距离。但只有当天文学家开始研究比可见恒星远得多的物体的光谱时，多普勒效应才开始产生具有重大宇宙学意义的结果。鉴于此，我只好略微谈一下这些物体的发现情况，然后再回过头来讨论多普勒效应。

在本章的开头，首先讲到了夜空。除月亮、行星和恒星外，还有两个具有重大宇宙学意义的可见物体，或许我已提到过它们。

其中一个明亮耀眼，有时透过朦胧的城市夜空也能看见它。它是一条呈巨大圆圈状的光带，横跨天球，自古以来人们称它为银河。1750 年，英国仪器制造商托马斯·赖特出版了一本著作，书名为《关于宇宙的独创理论或新假设》。他在书中提出，恒星位于一个平坦、厚度有限的厚板，即“磨石”之中，但其光线却能够沿厚板平面的所有方向朝很远的距离延伸。太阳系就位于这个厚板内，所以，当我们从地球上沿厚板平面往外观察时，能够比在任何其他方向所观察到的光线多得多。这就是我们所看到的银河。

赖特的理论已得到证实。人们现在认为银河是一个由恒星组成的平盘，其直径为 80 000 光年，厚度为 6 000 光年。它还有一个由恒星形成的球形晕，直径近 100 000 光年。通常情况下，人们估计其总质量约为太阳质量的 1 000 亿倍，但有些天文学家认为，在延伸的球形晕中，可能还存在更大的质量。太阳系距离平盘中心位置约为 30 000 光年，位于平盘中心平面稍靠“北”的位置。平盘以高达 250 千米 / 秒的速度旋转，并呈现出巨大的旋臂。总体而论，景象异常壮观，如果我们能从外部欣赏，那就再好不过了！通常我们将整个系统称为“银河系”，或从更大的角度将其称为“我们的星系”。

在夜空中，还有一个物体也具有宇宙学意义，但不如银河明显。在仙女星座中，有一个朦朦胧胧的块，平时不易发觉，但如果知道它的确切位置，其在晴朗的夜空中还是较为清晰可辨的。波斯天文学家阿卜杜勒・拉赫曼・苏菲在公元 964 年曾撰写一书，名为《恒星录》。他在此书的一份名单中第一次用文字提到了这个物体的存在。他在书中将其描述为“小片云”。在望远镜出现之后，越来越多的这类延伸物体被人们发现，17 世纪和 18 世纪的天文学家发现，这些物体妨碍了人们去研究真正令人感兴趣的东西——彗星。为了提供一份物体名单，帮助人们排除在搜寻彗星时不需要观察的物体，查尔斯・梅西耶在 1781 年出版了一个著名的目录，即《星云和星团》。天文学家至今仍按梅西耶编号称呼这个目录中的 103 个物体，比如，仙女星云是 M31，蟹状星云是 M1 等。

即使是在梅西耶时代，这些延伸物体也并不完全相同。其中，有些显然是星团，如昴星团（M45）。有些是不规则的发光气体云，往往带有颜色，且经常与一个或多个恒星结合在一起，如猎户座大星云（M42）。如今我们知道，这两类物体均存在于我们的星系中，在这里暂不作多述。但梅西耶目录中近三分之一的物体都是形状相对规则的椭圆形白色星云，其中最为人所熟知的是仙女星云（M31）。随着望远镜的性能越来越强大，又有成千上万个这样的星云被发现，到 19 世纪末，有些星云（包括 M31 和 M33）的旋臂已通过验证。但即使是使用 18 世纪和 19 世纪性能最好的望远镜，也无法分辨出椭圆形或旋涡形星云中的恒星，它们的性质一直是个谜。

好像是伊曼纽尔·康德第一次提出，有些星云就是星系，就像我们的星系一样。根据赖特关于银河的理论，康德在1755年出版的《宇宙大自然史和天体理论》一书中提出，星云“或确切地说它们的一个种类”实际上是一些圆盘，其大小和形状均与我们的星系相同。它们看起来是椭圆形的，因为其中的大多数是从斜面观察到的。当然，因为它们距离我们非常远，所以看起来黯淡无光。

19世纪初，宇宙中存在很多与我们的星系一样的星系这种看法，虽未被普遍接受，但也得到了广泛认可。但像梅西耶目录中的其他物体一样，这些椭圆形或旋涡形星云在我们的星系中仅仅是一些云的可能性依然存在。其中，一个更大的困惑来自当一些旋涡形星云中的恒星正在发生爆炸时人们所得到的观测结果。如果这些星云真的是独立星系，考虑到它们距离我们是如此遥远，以至于根本无法辨别出单个恒星，那么，它们的爆炸威力一定是非常惊人的；否则，我们不可能在如此遥远的距离还能观测到如此明亮的光芒。想到此，我不禁想引用19世纪一篇极为成熟的科学散文为例。英国天文史学家艾格尼斯·玛丽·克拉克在1893年的文章中写道：

仙女座星云和猎犬座大旋涡星云是最为人所知的能够发出连续光谱的星云。一般而言，一些显而易见的星团在远处会变得模糊不清，所有这些星团所发出的光都属于同一类型。但因此就断定它们是这类太阳形物体的聚集体还过于草率。由于它们当中有两个每隔 25 年就发生一次星球大爆炸，因此，就更不可能作出这样的推断。因为几乎可以肯定的是，无论星云距离多么遥远，恒星的距离都是相同的。因此，如果前者的组成粒子是太阳，那么，正如普罗克特先生所说的那样，如果巨大天体几乎可以遮盖它们的微弱光线，那其数量级一定是人们难以想象的。

如今我们知道，这些星球大爆炸的确“属于难以想象的数量级”。它们是超新星，爆炸时，一颗恒星的光度可接近整个星系的光度。但在 1893 年之前，人们对此还毫不知情。

如果没有一些可靠的方法能确定旋涡形和椭圆形星云的距离，那就无法解决这个问题。最终，当人们在洛杉矶附近的威尔逊山上安装了 100 英寸口径的望远镜之后，才确认了这样的尺度。1923 年，爱德温·哈勃首次证明仙女座星云是由不同的恒星组成的。他发现，仙女座星云的旋臂中有一些明亮的变光恒星，其光度的变化周期相同，这在我们星系中被称为造父变星的一类恒星中是很常见的。这一点非常重要，因为在上一个十年里，哈佛学院天文台的亨利埃塔·斯旺·莱维斯和哈洛·沙普利已证实了所观测到的造父变星的变化周期和绝对光度之间的紧密关系(绝对光度是天文物体沿所有方向所释放的总辐射功率。视光度是每平方厘米的望远镜镜片所接收到的辐射功率。天文物体的主观明亮程度是由视光度而不是由绝对光度决定的。当然，视光度不仅取决于绝对光度，也取决于距离；因此，在已知天文物体绝对光度和视光度的前提下，就能推断出它的距离）。哈勃在观测到仙女座星云中的造父变星的视光度，并根据其周期预测出它们的绝对光度后，立即计算出它们的距离，由于视光度与绝对光度成正比，与距离的平方成反比，通过这个简单的计算方式，也可得出仙女座星云的距离。他的结论是，仙女座星云的距离是 900 000 光年，它的距离比我们星系中已知距离最远的物体远 10 倍以上。沃尔特・巴德和其他人曾多次测定造父变星的周期与亮度关系，最终把仙女座星云的距离提高到了 200 万光年以上，但这个结论在 1923 年就已得到证实：仙女座星云以及成千上万个类似星云都是与我们的星系一样的星系，沿所有方向伸展得很远，充满了整个宇宙。

甚至在星云的银河外性质得到确定之前，天文学家就已经能够通过熟知的原子光谱中的已知线确定其光谱中的线了。但直到 1910—1920 年这 10 年间，洛维尔天文台的维斯托・梅尔文・斯莱弗才发现很多星云的光谱线稍微偏移到了红端或蓝端。很快，人们认为这些偏移是由多普勒效应引起的，说明星云正远离地球或靠近地球。例如，人们发现仙女座星云以 300 千米 / 秒的速度靠近地球，而室女座中更远的星系团则以 1 000 千米 / 秒的速度远离地球。

起初，人们认为，这只是相对速度，说明了我们的太阳系朝着一些星系靠近或远离一些星系的运动情况。但随着人们发现越来越多更大的光谱偏移，所有偏移都指向光谱红端，这种解释便越来越站不住脚了。似乎除了一些近邻（如仙女座星云），其他星系正普遍与我们的星系迅速分离开来。当然，这并不意味着我们的星系位于某个特殊的中心位置。相反，似乎宇宙正在发生某种类型的爆炸，在这些爆炸过程中，每个星系都在与其他星系迅速分离。

自哈勃在 1929 年宣布他发现星系的红移与距我们星系之间的距离成正比之后，这种解释被人们普遍接受。这一观测结果的重要性在于，我们可以根据爆炸的宇宙中最简单的物质流动的可能情景来进行预测。

我们可能会凭直觉认为，对于各个典型星系上的观测者来说，无论什么时间，无论从哪种角度进行观察，宇宙都应该是一样的（在这里及下文中，我会使用“典型”这一称呼来指那些自身不需要做任何巨大奇特运动的星系，它们随星系的一般宇宙流动而运动）。做出这样的假设是再正常不过的事情（至少自哥白尼以来），因此，英国天文物理学家爱德华·阿瑟·米尔恩一直称它为宇宙学原理。

当宇宙学原理被应用于星系本身，则要求无论观测者在哪个典型星系上，必须观察到所有其他星系正以相同的速度模式运动。宇宙学原理产生的一个直接数学结果是，任何两个星系的相对速度必须与二者之间的距离成正比，

图 2.1　伯纳德星的自行

相隔 22 年拍摄的两幅照片显示了伯纳德星（白色箭头所指）的位置。与更为明亮的背景星相比，伯纳德星的位置变化是非常明显的。在这 22 年中，伯纳德星的方向改变了 3.7 分弧；其“自行”为每年 0.17 分弧。（叶凯士天文台图片）

图 2.2　人马座中的银河系

这幅照片显示了人马座中沿我们的星系中心方向的银河系。星系呈扁平状。穿过银河系平面的黑色区域是由尘云造成的，因为尘云吸收了它后面的恒星所发出的光。（海耳天文台图片）

图 2.3　旋涡星系 M104

这是一个由大约 10 000 亿颗恒星组成的巨大星系，与我们的星系非常相似，但距离我们有 6 000 万光年。从我们的角度看，M104 几乎是竖着的，可以清楚地看到在那里有一个明亮的球晕和一个平盘。平盘上布满若干黑色尘道，与我们星系的尘埃区域非常相似，如前一幅照片所示。这张照片是在加利福尼亚州的威尔逊山上使用 60 英寸口径的反射望远镜拍摄的。（叶凯士天文台图片）

图 2.4　仙女座中的大星系 M31

这是距离我们星系最近的巨大星系。位于右上方位置和中心下方位置的两个亮点是两个较小的星系 NGC205 和 NGC221。这两个星系依靠 M31 的引力场保持在各自的轨道上。照片中所显示的其他亮点是前景物体，即恰好位于地球和 M31 之间的属于我们星系的恒星，这些恒星位于我们的星系范围之内。这幅照片是在帕洛马使用 48 英寸口径望远镜拍摄的。（海耳天文台图片）

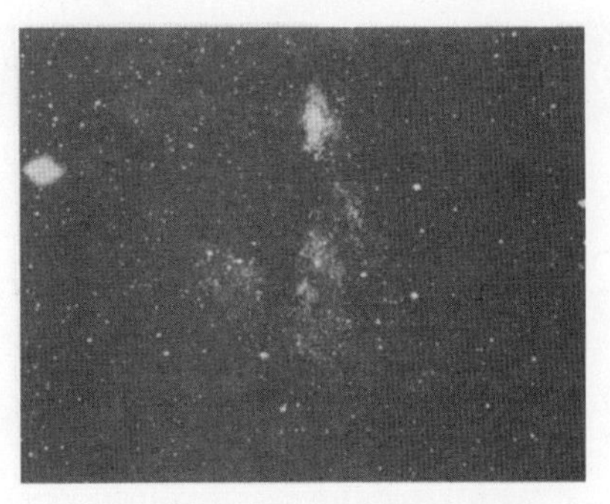

图 2.5　仙女座星系的局部

这幅照片显示了仙女座星系 M31 的局部状况，即上一幅照片中的右下角部分（“偏南区域”）的状况。这幅照片是在威尔逊山上使用 100 英寸口径望远镜拍摄的，分辨率非常高，足以显示出 M31 旋臂中的各个恒星的状况。哈勃正是通过在 1923 年对这些恒星进行研究，得出这样的结论，认为 M31 是一个在某种程度上与我们的星系相似的星系，而非我们星系的一个边远部分。（海耳天文台图片）

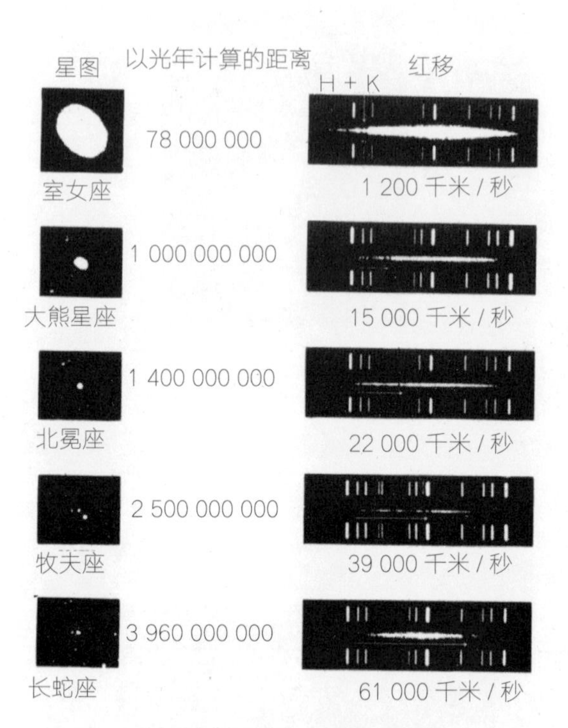

图 2.6　红移与距离的关系

这里显示的是 5 个星系团中的明亮星系及其光谱。这些星系的光谱是长长的水平白色物，上面交叉着一些较短的黑色垂直线。这些光谱中的每个位置均相当于来自这些星系一定波长的光；黑色垂直线是由于这些星系中恒星大气内的光线吸收所产生的（位于星系上方和下方的明亮垂直线仅是标准对比光谱，把它们加在星系的光谱上，是为了帮助确定波长）。各个光谱下面的箭头表示两条特定吸收线（钙的 H 线和 K 线）从正常位置向光谱右（红）端的偏移。如果使用多普勒效应进行解释，那么，这些吸收线的红移说明当从室女座星团到长蛇座星团偏移时，速度从 1 200 千米 / 秒到 61 000 千米 / 秒，变化范围不等。红移与距离成正比，这说明这些星系的距离是依次递增的。这里列出的距离是根据哈勃常数（15.3 千米 · 秒 $^{-1}$/ 百万秒差距）计算得出的。这一解释得到了以下事实的证实，即随着红移的增加，这些星系看上去越来越小，越来越暗。（海耳天文台图片）

如哈勃所发现的那样。

为了说明这一点，让我们假设 3 个典型星系 A、B、C 分布在同一条直线上（见图 2.7）。假设 A 和 B 之间的距离等于 B 和 C 之间的距离。无论从 A 上观察到的 B 的速度如何，宇宙学原理都要求 C 的速度应与 B 的速度相同。但接下来应该注意的是，因为 C 与 A 之间的距离是 C 与 B 之间距离的两倍，因此，C 相对于 A 运动的速度也应比 C 相对于 B 运动的速度快两倍。我们可以在链条中加入更多的星系，得出的结论永远都会是，任何星系与其他星系的退行速度均与它们之间的距离成正比。

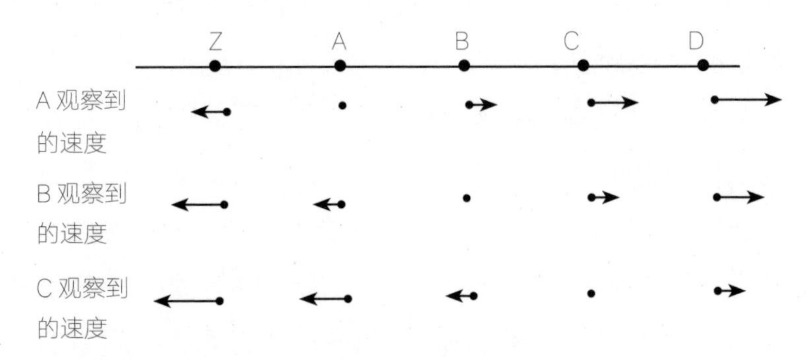

图 2.7 均匀性和哈勃定律

图 2.7 显示了一连串间距相等的星系 Z、A、B、C……以及从 A、B 或 C 测量的速度。这些情况均通过附加箭头的长度和方向表示。均匀性原理要求从 B 上观察到的 C 的速度应等于从 A 上所观察到的 B 的速度；将这两个速度值相加，即得出从 A 上所观察到的 C 的速度，该速度在图中用两倍长的箭头来表示。如图 2.7 所示，上述速度符合哈勃定律：任何人观察到的任何星系的速度均与它们之间的距离成正比。这是符合均匀性原理的唯一一种速度模式。

正如在科学论证中经常看到的那样，这一论据既可进一步使用，也可退一步使用。哈勃在观察发现了星系之间的距离与其退行速度成正比的时候，其实也间接证明了宇宙学原理的真实性。从哲学角度来看，这是一个令人非常满意的结果——为什么宇宙的任何部分或任何方向都异于其他部分或方向？另外，这还能让我们再次确定天文学家的确是在观察宇宙的某些有分量的部分，而不仅仅是观察巨大的宇宙旋涡中的一个局部旋涡。反之，我们可以根据推论，假设宇宙学原理是理所当然的，那么，我们就可以推断出距离和速度之间的正比关系，如上一段内容所述。这样通过简单测量多普勒偏移，就能根据极遥远的物体速度推断其距离了。

除多普勒偏移测量外，宇宙学原理还得到了其他类型观测的支持。充分考虑我们的星系和室女座的近距离星系团所产生的畸变之后，宇宙似乎具有非常明显的各向同性特征，即从各个方向看，宇宙仿佛都是相同的（在第 3 章中所要讨论的微波背景辐射使这一说法更具说服力）。但自哥白尼以来，我们也已经学会假设，人类在宇宙中的位置无任何特殊性可言。因此，如果宇宙在我们周围是各向同性的，那它对每一个典型星系也应该是各向同性的。通过一系列围绕固定中心进行的旋转，宇宙中的任何一点都可以被卷入其他任何一点（见图 2.8），因此，如果宇宙在每个点周围都是各向同性的，那它必定也具有均匀性。

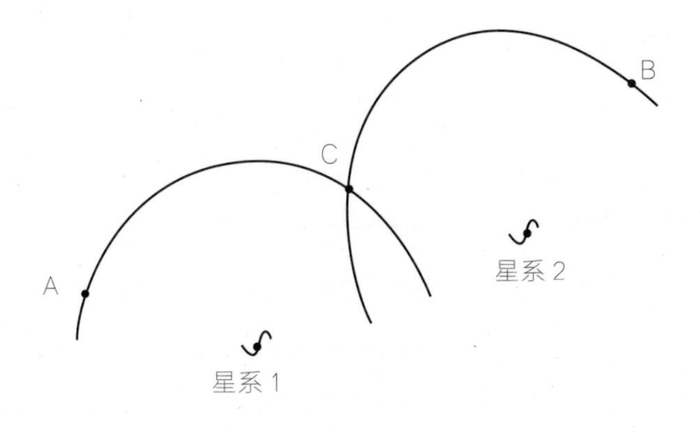

图 2.8　各向同性和均匀性

如果宇宙在星系 1 和星系 2 周围具有各向同性，那么，它一定也具有均匀性。为了显示在任意两点 A 和 B 的情况相同，可以绕星系 1 沿 A 点画一个圆，绕星系 2 沿 B 点画另外一个圆。围绕着星系 1 的各向同性要求在 A 点和两圆交叉处的 C 点的情况相同。同样，围绕着星系 2 的各向同性，要求在 B 点和 C 点的情况相同。因此，它们在 A 点和 B 点的情况也相同。

在作进一步论述之前，应对宇宙学原理附加若干限定条件。首先，它显然不适用于小比例尺度——我们所在的星系和其他星系（包括 M31 和 M33）属于一个小的本星系群，而这个星系群位于室女座中的巨大星系团附近。实际上，在梅西耶目录中的 33 个星系中，有近一半星系位于一小部分天空，即室女座内。如果宇宙学原理为有效原理，那也只有当我们以至少达到星系团之间的距离那么大的尺度，或以大约 1 亿光年的尺度观测宇宙时，它才能发挥作用。

此外，还有一个限定条件。当我们利用宇宙学原理得出银河速度和距离之间的比例关系时，应假设如果 C 点相对于 B 点的速度与 C 点相对于 A 点的速度相同，那么，C

的速度比 A 的速度大两倍。这是大家再熟悉不过的计算速度的一般规则，它当然也适用于日常生活中相对较低的速度。但如果速度接近光速（300 000 千米 / 秒），这个计算规则就失去作用了，否则的话，如果我们将若干相对速度相加，得出的总速度就会比光速快，而这是爱因斯坦的狭义相对论所不允许的。例如，根据计算速度的一般规则，如果一位乘客乘坐飞机，飞机以 3/4 的光速飞行，他向前方以 3/4 的光速发射了一枚子弹，那么，子弹相对于地面的速度就是光速的 1.5 倍，而这种情况是不可能发生的。狭义相对论通过改变计算速度的一般规则来避免这样的问题出现：C 点相对于 A 点的速度实际上稍稍小于 B 点相对于 A 点和 C 点相对于 B 点的速度之和，因此，无论我们将小于光速的速度相加多少次，永远都不可能得到大于光速的速度。

在 1929 年，这些对于哈勃来说都不是问题；在哈勃当时所研究的星系中，没有一个星系的速度能够接近光速。但是，当宇宙学家思考整个宇宙所特有的遥远距离时，他们必须设计出一个理论框架，确保这个理论框架能够处理接近光速的速度，即爱因斯坦的狭义相对论和广义相对论。实际上，当我们处理如此遥远的距离时，距离本身的概念就变得模糊起来，因此，必须明确指出我们所指的距离是通过光度观测结果所测量的，还是通过直径、自行或其他方法所测量的。

现在让我们再回到 1929 年。哈勃根据 18 个星系中最亮恒星的视光度，预估出这 18 个星系的距离，并将这些距离与星系各自的速度作了比较，而它们的速度是根据光谱多普勒偏移确定的。他的结论是：在速度和距离之间存在一种“大致的线性关系”（即简单比例）。实际上，在看完哈勃的数据资料后，我对他如何得出这样一个结论多少有些不解——星系的速度似乎与其距离关系不大，它仅随着距离的增加而发生很微弱的变化。事实上，我们并不期望这 18 个星系的速度和距离之间存在纯粹的比例关系——它们彼此间的距离太近，没有一个远于室女座星团。这个结论是在所难免的，无论是根据上述的简单论据，还是根据下文讨论的相关理论发展，哈勃一直都知道他想要寻找的答案。

无论怎样，到 1931 年，证据已越来越充分，哈勃因此能够证实速度高达 20 000 千米 / 秒的星系速度和距离之间的比例关系。根据当时预估的距离数值，得出以下结论，即距离每隔 100 万光年，速度每秒增加 170 千米；因此，20 000 千米 / 秒的速度相当于 1.2 亿光年的距离。这个速度随距离增加的数值通常被称为“哈勃常数”（之所以称为常数，是因为在某个特定时刻，所有星系的速度和距离之间的比例关系都是相同的，但正如我们所看到的那样，随着宇宙的进化，哈勃常数也会随时间而变化）。

1936 年，哈勃与光谱学家密尔顿 · 修马森合作，测量得出大熊座Ⅱ星系团的距离和速度。他们发现，它正以42 000千米/秒的速度——即光速的14%退行。当时预估的距离是2.6亿光年，由于这个数值超出了威尔逊山天文台的观测能力极限，因此，哈勃不得不中断研究工作。战后，更大的望远镜被安装在帕洛马和汉密尔顿山上，其他天文学家（主要是帕洛马和威尔逊山的阿兰·桑德奇）又重新开始研究哈勃的项目，并一直持续至今。

根据这半个世纪的观测结果通常得出这样的结论，即星系正在退行，离我们而去，速度与距离成正比（至少当速度不太接近光速时）。当然，正如我们在探讨宇宙学原理时已经强调的那样，这并不意味着我们在宇宙中处于任何特殊的受宠或遭冷落的位置；任意一对星系正以与其间隔成正比的相对速度分离开来。对哈勃原始结论所作出的最重要的修改是对银河系系外距离尺度的修订：部分原因是沃尔特·巴德和其他人重新验证了莱维特·沙普利造父变星的周期－光度关系，现在人们预估的遥远星系的距离比哈勃所处时代所认为的距离要大10倍左右。因此，现在人们认为，哈勃常数仅为15千米·秒$^{-1}$/百万秒差距。

这些对宇宙的起源意味着什么？如果星系正迅速分离，那它们一定曾经距离非常近。具体地讲，如果它们的速度保持不变，那么，任意一对星系到达它们现在间隔所需的时间，恰好是它们之间的当前距离除以相对速度所得出的数值。但对于与当前间隔成正比的速度来说，这个时间对任意一对星系都是一样的——它们在过去的同一时刻一定也曾密不可分！假设哈勃常数为 15 千米·秒 $^{-1}$/ 百万秒差距，那么，星系开始分离以来的时间就是 100 万光年除以 15 千米 / 秒，或参考 200 亿年得出的数值。我们应把通过这种方式计算得出的“年龄”称为“特征膨胀时间”；它仅仅是哈勃常数的倒数。宇宙的实际年龄其实小于特征膨胀时间，因为正如我们所看到的一样，星系并不是以不变速度运行的，相反，由于受到相互引力的影响，速度会逐渐减慢。因此，如果哈勃常数为 15 千米·秒 $^{-1}$/ 百万秒差距，那宇宙年龄一定小于 200 亿年。

有时，我们只是简要进行总结，宇宙规模在不断扩大。这并不意味着宇宙的规模一定有穷，尽管这很有可能。之所以这样说，是因为在任何一个特定时刻，任意一对典型星系之间的间隔都按照相同的分数增加。在任何一个间隔非常短，星系速度几乎保持不变的间隔时间范围内，如果用一对典型星系的相对速度乘以实耗时间，或者根据哈勃定律，用哈勃常数乘以间隔再乘以时间，即可得出一对典型星系之间的间隔增加值。但这样的话，间隔的增加值与间隔本身之间的比率就是哈勃常数乘以实耗时间最终得出的乘积，这对任意一对星系来说都是一样的。例如，在 1% 特征膨胀时间间隔期间（哈勃常数的对等物），每对典型星系的间隔都会增加 1%；也就是说，宇宙的规模是按照 1% 增加的。

我不想给人留下这样一种印象，好像所有人都同意红移这种解释方式。实际上，我们并没有观测到正迅速远离我们而去的星系；能够确定的是，它们光谱中的线向红端偏移，即向较长的波长偏移。有些著名天文学家怀疑红移是否与多普勒偏移或宇宙膨胀有关。海耳天文台的霍尔顿·阿普就曾强调指出，天空中存在这样一些星系群，它们的红移与其他星系群不同；如果这些星系群代表邻近星系真实的物理关系，那么，它们几乎不可能拥有总体不同的速度。另外，1963 年，马顿·施密特还发现，某些貌似恒星的物体却有着巨大的红移，有时竟超过了 300%！如果这些“类星体”如它们的红移所显示的那样遥远，那它们所发出的能量必定是异常巨大，所以才会如此明亮。最后想说的是，在这样遥远的距离确定速度和距离之间的关系实非易事。

然而，有一种独立的方法可以确认星系是否真的像红移所显示的那样，正在分离开来。我们已经看到，这种关于红移的解释说明宇宙膨胀开始于不到 200 亿年前。因此，如果我们能够找到任何其他证据证明宇宙的确那么老，那它基本上就得到了证实。实际上，有很多证据可以证明我们的星系为 100 亿 ~ 150 亿岁。我们是根据地球上相对丰富的各种放射性同位素（尤其是铀的同位素 U-236 和 U-238）以及恒星演化的计算结果进行预估的。当然，我们并没有发现放射率或恒星演化速度与遥远星系的红移之间存在直接关系，因此我们可以假设，根据哈勃常数推断出的宇宙年龄的确代表着一个真正的开始。

在这方面，回顾一下历史是非常有意思的。在 20 世纪 30—40 年代，人们认为哈勃常数要大得多，约为 170 千米・秒$^{-1}$/ 百万秒差距。如果是这样的话，那按照我们之前的推理，宇宙的年龄应为 100 万光年除以 170 千米 / 秒得出的数值，即约为 20 亿岁，如果我们将引力制动考虑在内，那么，通过这种方式得出的宇宙的年龄还要更小一些。但自从拉瑟福德勋爵研究放射现象以来，众所周知，地球的年龄要比这大得多，目前，人们普遍认为地球的年龄约为 46 亿岁！地球的年龄不太可能比宇宙还要大，因此，天文学家不得不怀疑，红移是否真的能够告诉我们宇宙的年龄。在 20 世纪 30—40 年代，一些最有见地的天文学思想即起源于这一明显的悖论，其中或许还包括稳恒态理论。20 世纪 50 年代，银河外距离尺度膨胀了 10 倍，从而消除了年龄悖论，或许这正是大爆炸宇宙学作为一个标准理论出现的基本前提。

我们在这里一直描述的宇宙画面是一个不断膨胀的星系群。迄今为止，光仅仅起着“恒星信使”的作用，传递星系距离和速度信息。但是，早期宇宙的情况却大相径庭；正如我们所看到的那样，当时宇宙的主要组成成分是光，而普通物质仅起着点缀作用，其作用甚至可以忽略不计。因此，我们需要重新说明迄今为止人们所了解的红移在膨胀宇宙中对光波行为的影响，这对以后还是有用的。

假设一个光波在两个典型星系之间传播。两个星系之间的间隔等于光的传播时间与光速的乘积，而两个星系之间的间隔在光传播过程中的增加值等于光的传播时间与星系相对速度的乘积。当我们计算间隔的分数增加值时，用间隔的平均值除以间隔的增加值，结果发现光的传播时间被抵消了；这两个星系（因此也是任何其他典型星系）在光的传播时间内的间隔分数增加值等于星系相对速度与光速之间的比率。但正如我们之前所看到的那样，该比率同样适用于在光的传播过程中光波波长的分数增加值。因此，当宇宙发生膨胀时，任何一条光线的波长增加值均与两个典型星系之间的间隔成正比。我们可以认为，波峰是被宇宙的膨胀“拉”得间隔越来越远。尽管我们的论点应用得非常严格，它仅适用于短的传播时间，但如果我们将一系列传播过程汇总在一起，就可得出结论，即情况大致都是相同的。例如，当我们观测星系 3C295，发现其光谱中的波长比光谱波长标准表中的波长大 46% 时，可以认为宇宙现在比光离开 3C295 时大了 46%。

至此，我们已论述了被物理学家称为“运动”的物质，对运动作了描述，而没有考虑支配运动的那些力量。但是，若干世纪以来，物理学家和天文学家也曾试图理解宇宙的动力学。这样就不可避免地需要研究两个天体间的唯一一种作用力，即引力的宇宙作用。

或许正如人们所认为的那样，第一个解决了这个问题的人是伊萨克·牛顿。在与剑桥古典主义者理查德·本特利的一封著名的通信中，牛顿承认，如果宇宙物质平均分布在有穷的区域中，那它们都会向中心坠落，“并在那里形成一个巨大的球形质量。”另一方面，如果物质平均分散在无穷的空间中，那它们就没有中心可以坠落。或许在这样的情况下，它们能够收缩成无数的团，分散在宇宙中；牛顿指出，这有可能就是太阳和恒星的起源。

在广义相对论提出之前，人们在研究无穷介质的动力学时，遇到了极大的困难，这严重地阻碍了进一步的进展。这里不适合解释广义相对论，无论如何，事实证明，它对宇宙学的重要性比人们最初认为的要小。阿尔伯特·爱因斯坦曾使用非欧几里得几何理论来解释引力作为时空曲率效应的原因，仅此一点就足以证明上述内容了。1917 年，在爱因斯坦提出广义相对论一年后，他又试图为他的方程寻找解法，说明整个宇宙的时空几何。根据当时流行的宇宙学思想，爱因斯坦非常明确地寻找一种均匀的、各向同性的解法，但很不幸又是静态的解法。他并没有成功。为了获得一个适合这些宇宙假设的模型，爱因斯坦不得不肢解他的方程，引入了一个项，即所谓的宇宙常数，这极大地损害了原始理论的精确性，但却有助于平衡大距离内的引力。

爱因斯坦的宇宙模型确实是静态的，并没有作出红移预测。同一年，即 1917 年，荷兰天文学家 W. 德西特找到了被修正了的爱因斯坦理论的另一个解法。尽管这个解法看似还是静态的，但根据当时流行的宇宙学思想，也是可以接受的，但它有一个非凡的特点，即预测红移与距离成正比！当时，欧洲天文学家还不知道存在大的星云红移。但在第一次世界大战结束时，观测到大红移的消息从美国传到了欧洲，德西特的模型立即声名远扬。事实上，在 1922 年，英国天文学家阿瑟·爱丁顿撰写了第一篇关于广义相对论的综合论文，在这篇论文中，他分析了现有的关于德西特模型的红移数据。哈勃自己也指出，正是德西特模型使天文学家开始关注红移与距离彼此相依赖的重要性，也许在 1929 年他发现红移与距离成正比关系的时候，这个模型就已经出现在他的脑中了。

在今天看来，如此强调德西特模型的重要性似乎有些不妥。比如，它根本不是一个真正的静态模型——它看似静态，是因为它引用了一种比较奇特的空间坐标方式，但实际上，在这个模型中，两个“典型”观测者之间的距离是随时间的变化而增加的，也正是这个总体退行产生了红移。另外，之所以说在德西特模型中红移与距离成正比，是因为这个模型符合宇宙学原理，正如我们已经看到的那样，我们认为在符合宇宙学原理的所有理论中，相对速度和距离均成正比。

无论如何，遥远星系退行的发现很快就引起人们关注均匀的、各向同性的，但非静态的宇宙模型。于是，引力场方程已不再需要“宇宙常数”，爱因斯坦开始后悔曾经如此大幅度地修改自己的原始方程。1922 年，俄罗斯数学家亚历山大·弗里德曼找到了爱因斯坦原始方程的基本的、均匀的、各向同性的解法。正是基于爱因斯坦原始场方程的弗里德曼模型，而不是爱因斯坦或德西特模型，为大多数现代宇宙理论提供了数学背景。

弗里德曼模型包括两种截然不同的类型。如果宇宙物质的平均密度小于或等于某个临界值，那宇宙必定是无穷的。在这种情况下，当前的宇宙膨胀会一直持续下去。但如果宇宙物质的密度大于这个临界值，那物质产生的引力场就会使宇宙弯曲并回到自身；尽管它无边无际，但却是有穷的，就像球面那样（也就是说，如果我们沿直线前行，不会到达宇宙的任何边缘，而最终只会回到起点）。在这种情况下，引力场会最终强大到一定程度，阻止宇宙继续膨胀，并最终塌缩，重新形成无限大的密度。临界密度与哈勃常数的平方成正比；如果按照当前流行的数值，即 15 千米·秒 $^{-1}$/ 百万秒差距，临界密度等于 5×10^{-30} 克 / 立方厘米，或大约每千升空间 3 个氢原子。

在弗里德曼模型中，任何典型星系的运动都与从地面上向上抛起的石头运动完全相似。如果石头抛起的速度足够快，或地球的质量足够小（二者其实是一回事），那么，石头就会逐渐降速，但仍会脱离地球，进入无穷的宇宙。

这意味着宇宙密度小于临界密度。但如果石头抛起的速度不够快，那它将会上升到最大高度然后回降。这当然意味着宇宙密度大于临界密度。

这一类比清楚地说明了为什么不可能找到爱因斯坦方程的静态宇宙学解法——当我们看到石头从地面抛起或向地面降落时，也许不以为奇，但我们却不可能看到石头悬浮在半空中，静止不动。这一类比还有助于避免对宇宙膨胀产生一个常见的误解。星系不是因为某些神秘的力量才迅速分离开来，就像在我们的类比中，抛起的石头不是受地球的排斥一样。相反，星系的分离是由于过去发生的某种类型的爆炸而造成的。

在 20 世纪 20 年代之前，人们并没有认识到这一点，但能够利用这个类比，从量上计算出弗里德曼模型的许多详细特性，而无须参考相对广义论。为了计算任何典型星系相对于我们星系的运动，可以画一个球，我们在中心，其他相关星系在球面；这个星系的运动是完全相同的，就好像宇宙的质量仅仅是由这个球的内部物质组成，与任何外来物质无关。这就像我们在地球的内部挖一个深洞，并观测物体降落的方式一样——我们会发现，朝向中心的重力加速度仅取决于离中心比离我们的洞穴近的物质数量，就好像地球表面是在我们的洞穴深处一样。这一引人注目的结果已收入一个定理之中，它对牛顿的引力理论和爱因斯坦的引力理论均具有有效性，这一结果仅取决于正处于研究阶段的系统的球面对称情况；1923 年，美国数学家 G.D. 伯克霍夫论证了这一定理的广义相对论形式，但其宇宙学意义则在几十年之后才为人所知。

我们使用这一定理计算弗里德曼模型的临界密度（见图 2.9）。假设画一个球，我们在中心，而某些遥远星系在球面，我们可以使用球体内部的星系质量计算逃逸速度。逃逸速度指球面的一个星系所具有的，使其刚好无法逃逸到无穷中去的速度。事实证明，逃逸速度与球半径成正比——球的质量越大，星系逃逸所需的速度就越大。但哈勃定律告诉我们，球面的一个星系的真正速度也与球半径——与我们的距离成正比。因此，尽管逃逸速度取决于球半径，但星系的实际速度与其逃逸速度之间的比率并不取决于球的大小；这一点对于所有星系都是一样的，无论我们把哪个星系视作球的中心，情况都如此。根据哈勃常数值和宇宙密度值，按照哈勃定律运动的所有星系，要么超过逃逸速度，逃逸到无穷，要么达不到逃逸速度，在将来的某一时刻朝我们的方向回落。临界密度只不过是宇宙密度值，在这一密度上，所有星系的逃逸速度都刚好等于哈勃定律所规定的速度。临界密度仅取决于哈勃常数，实际上，事实证明临界密度与哈勃常数的平方刚好成正比（参见书后数学注释 2）。

可以使用类似的论证计算得出宇宙规模与详细时间的相互依赖性（即任何两个典型星系之间的距离），但结果

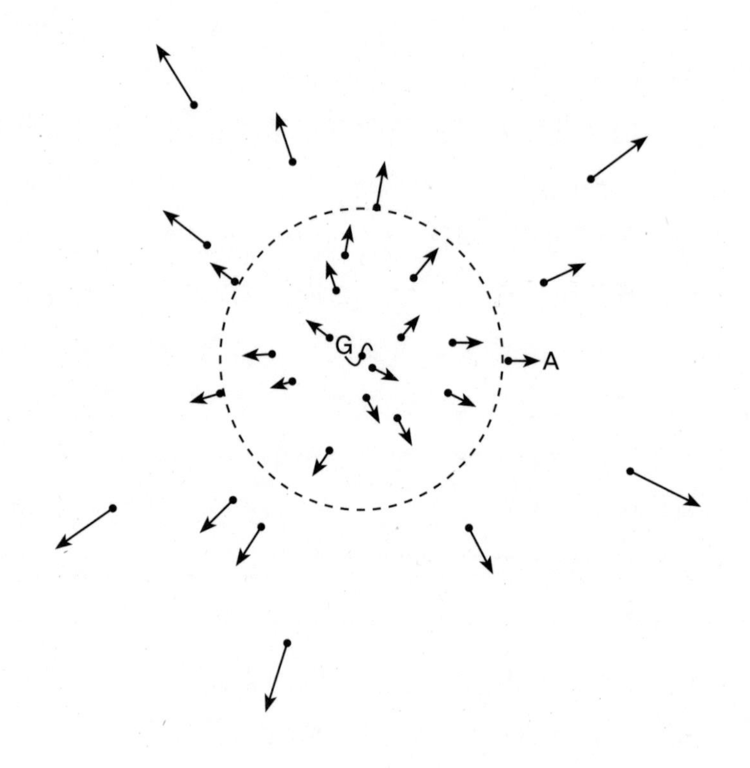

图 2.9　伯克霍夫定理和宇宙爆炸

伯克霍夫定理和宇宙爆炸显示了若干星系及其相对于特定星系 G 的速度，这里用附加箭头的长度和方向来表示（根据哈勃定律，这些速度应与 G 的距离成正比）。伯克霍夫定理指出，为了计算星系 A 相对于 G 的运动，仅需考虑球体内所含质量，该球体穿过 A，在 G 周围运动，这里用虚线表示。如果 A 与 G 的距离不是很远，则可通过牛顿力学计算得出 A 的运动。

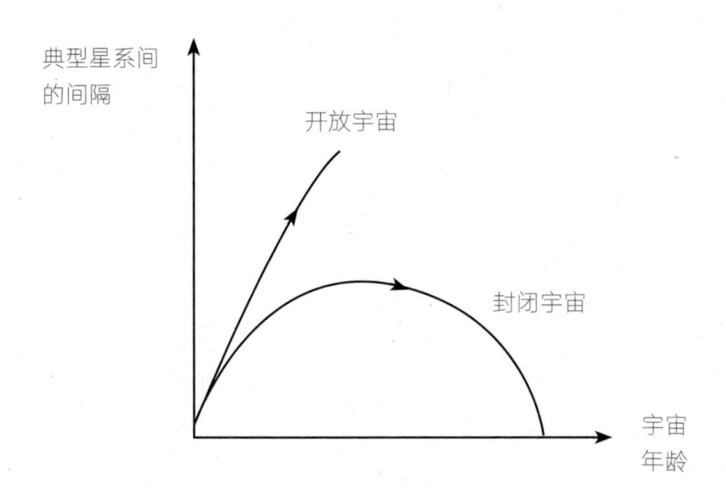

图 2.10　宇宙的膨胀和收缩

两个可能的宇宙学模型的典型星系之间的间隔是作为时间函数显示的（以任意单位）。如果是“开放的”宇宙，那宇宙是无穷的；密度小于临界速度；尽管宇宙的膨胀速度在减慢，但仍将一直持续下去。如果是“封闭的”宇宙，那宇宙是有穷的；密度大于临界密度；宇宙的膨胀最终会停止，并随后开始收缩。这些曲线是针对以物质为主导的宇宙，在没有使用宇宙常数的情况下，通过爱因斯坦场方程计算得出。

相当复杂（见图 2.10）。然而，有一个简单结果在稍后对我们非常重要。在宇宙形成之初，宇宙的规模与时间的乘方成正比：如果辐射密度可以忽略不计，则为 2/3 次方，如果辐射密度大于物质密度，则为 1/2 次方（参见书后数学注释 3）。在弗里德曼宇宙模型中，有一个没有广义相对论就无法理解的方面，即密度和几何之间的关系——根据星系速度是否大于或小于逃逸速度，宇宙要么是开放的、无穷的，要么是封闭的、有穷的。

有一种方法可以判断星系速度是否大于逃逸速度，即测量它的减速率。如果减速度小于（或大于）某个特定值，则超过（或不超过）逃逸速度。事实上，这意味着人们必须测量极遥远星系的红移与距离图的曲率（见图 2.11）。随着从密度较大的有穷宇宙向密度较小的无穷宇宙发展，红移与距离的曲线在极远距离处变平。对极遥远距离处的红移－距离曲线形状的研究，通常被称为“哈勃项目”。

哈勃、桑德奇，还有最近的一些人都为这一项目付出了巨大努力。但到目前为止，还没有得出定论性的结果。问题在于，在预估遥远星系的距离时，我们是不可能找出造父变星或最明亮的恒星作距离参数的；相反，我们必须根据星系本身的视光度进行预估。但如何得知我们所研究的所有星系都具有相同的绝对光度呢？（记住视光度是每单位望远镜面积所接受的辐射功率，而绝对光度是天文物体沿所有方向发射的总功率；视光度与绝对光度成正比，与距离的平方成反比）。选择效应会产生可怕的危险——当我们观测的距离越来越远时，我们挑选的星系的绝对光度就会越来越大。更严重的问题是星系演化。当我们观测极遥远星系时，看到的是它们几十亿年前的情景，即光线开始射向我们时的情景。如果典型星系在当时比现在亮，那我们就会低估它们的实际距离。最近，J.P. 奥斯特里科和 S.D. 特里梅因提出了一种可能性，即更大星系的演化，不仅是因为其个体恒星的演化，还因为它们吞并了周围的小星系！想要确定对各种星系演化的定量认识还需要很长

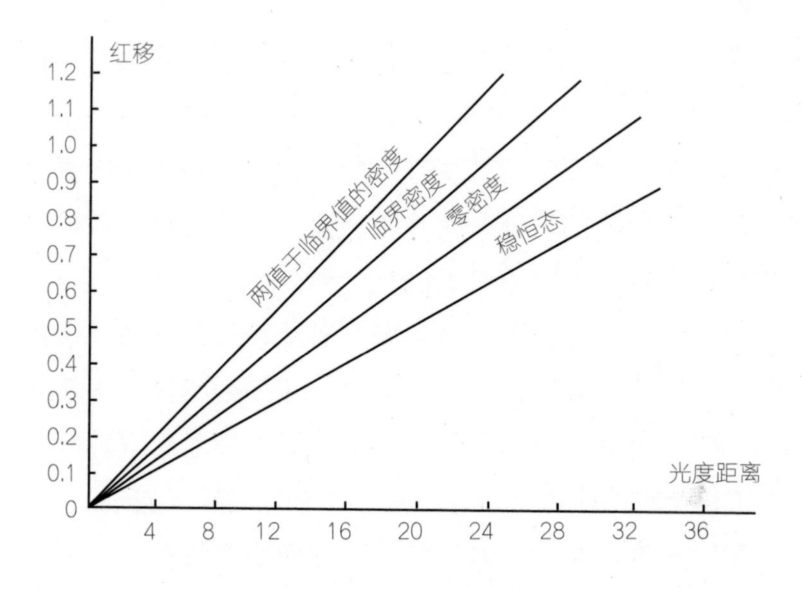

图 2.11　红移与距离

在 4 种可能的宇宙学理论中，红移在这里是作为距离函数来显示的（确切地说，这里的“距离”指“光度距离”——即根据已知固有或绝对光度的物体的视光度的观测结果，推断出的距离）。在弗里德曼模型中，针对以物质为主导的宇宙，在没有使用宇宙常数的情况下，根据爱因斯坦场方程计算标有“两倍于临界值的密度”“临界密度”和“零密度”的曲线；与它们对应的宇宙分别是封闭的宇宙、基本不开放的宇宙或开放的宇宙（见图 2.10）。标有“稳恒态”的曲线将适用于任何宇宙外表不随时间而变化的理论。目前的观测结果与“稳恒态”曲线不是非常一致，但这并不一定确定其他可能性，因为在非稳恒态理论中，星系的演化使确定距离的工作变得十分棘手。在绘制所有曲线时，我们都将哈勃常数视为 15 千米 · 秒 $^{-1}$/ 百万秒差距（相当于 200 亿年的特征膨胀时间），但通过调整所有距离，这些曲线也适用于其他哈勃常数值。

的一段时间。

目前，我们能够根据哈勃项目得出的最佳推断是，遥远星系的减速度看似非常小。这意味着它们的运行速度大于逃逸速度，因此宇宙才是开放的，并将一直膨胀下去。这与对宇宙密度的估计非常吻合；星系中的可见物质似乎加起来也不会超过临界密度的几个百分比。但关于这一点我们也没有十足的把握。近年来，对星系质量的估计值持续增加。另外，如哈佛大学的乔治·菲尔德和其他人所提出的那样，也许存在一种星际气体，即电离氢，这种气体能够提供一种宇宙临界物质密度，但却没有被人发现。

幸运的是，在我们对宇宙的起源作出结论时，不需要对宇宙的大尺度几何作出定论。因为宇宙有一种视界，当我们追溯宇宙的起源时，这种视界会迅速缩短。

没有任何一种信号的传播速度能够比光速还快，因此，自宇宙起源开始，在任何时候，当有一些事件发生距离非常近，以至于光线能够有时间到达我们，那我们就只能受到这些事件的影响。如果事件发生在这些距离以外，则还未对我们产生影响——它们处于视界之外。如果宇宙现在是 100 亿岁，那视界现在就是 300 亿光年远。但当宇宙年龄仅有几秒时，视界则只有几光秒远——比现在从地球到太阳的距离还小。事实证明，当时，整个宇宙比较小，我们一致认为,任何一对物体之间的间隔在当时都比现在小。然而，当我们追溯宇宙起源时，到视界的距离缩短得比宇宙规模缩小的还快。宇宙的规模与时间的 1/2 次方或 1/3 次方成正比（参见书后数学注释），而到视界的距离仅与时间成正比，因此时间越早，视界在宇宙中所包围的部分就越小（见图 2.12）。

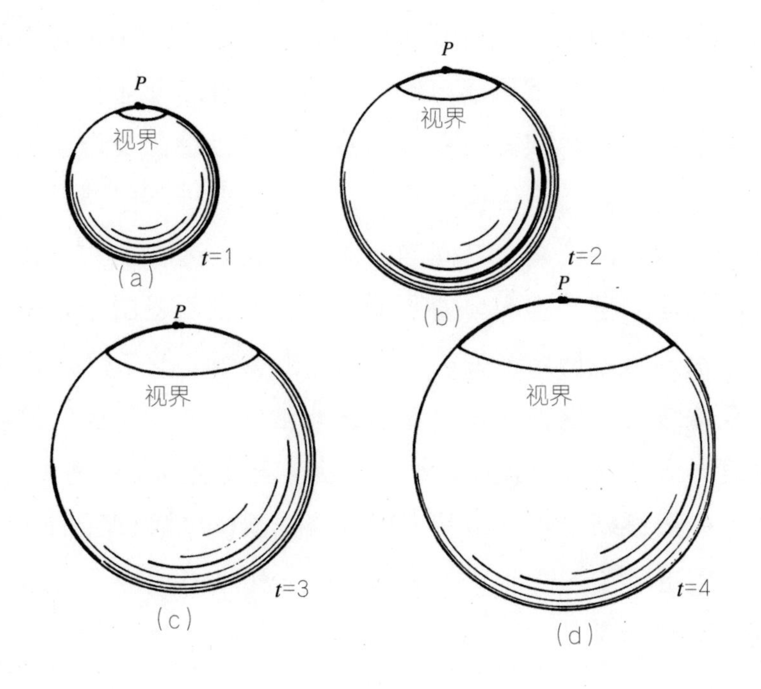

图 2.12　膨胀宇宙的视界

在这里用球来表示 4 个相同时间间隔的宇宙。“视界”用特定点 ***P*** 来表示，指超出该距离，光信号没有时间到达 ***P*** 的距离。这里用没有阴影的球的顶部来表示在视界范围内的宇宙部分。从 ***P*** 到视界距离的增加值与时间成正比。另一方面，宇宙“半径”的增加就如时间的平方根一样，相当于以辐射为主导的宇宙情形。因此，时间越早，视界所包围的宇宙范围就越小。

作为早期宇宙中视界的这种缩短所产生的结果，我们追溯宇宙起源的时间越早，整个宇宙的曲率差别就越小。因此，即使目前的宇宙理论和天文观测结果还不能揭示宇宙的范围或未来，但它们却清楚地描述了它的过去。

本章所讨论的观测结果已经向我们展示了宇宙简单而壮观的画面。宇宙正在一致地、各向同性地膨胀着——观测者已经在所有典型星系中、所有方向上，都发现了相同的流动模式。随着宇宙的膨胀，光线的波长不断伸长，其伸长幅度与两个星系之间的距离成正比。人们认为，膨胀不是任何类型的宇宙斥力所造成的，而仅仅是由过去爆炸的剩余速度效应所产生的。受到引力影响，这些速度正逐渐变得缓慢；这种减速度看上去非常慢，说明宇宙的物质密度很低，其引力场过弱，既不能使宇宙在空间上变得无穷，也不能最终扭转膨胀。我们的计算结果能够确保我们从时间上回推宇宙的膨胀，并指出，这一膨胀必定始于 100 亿或 200 亿年前。

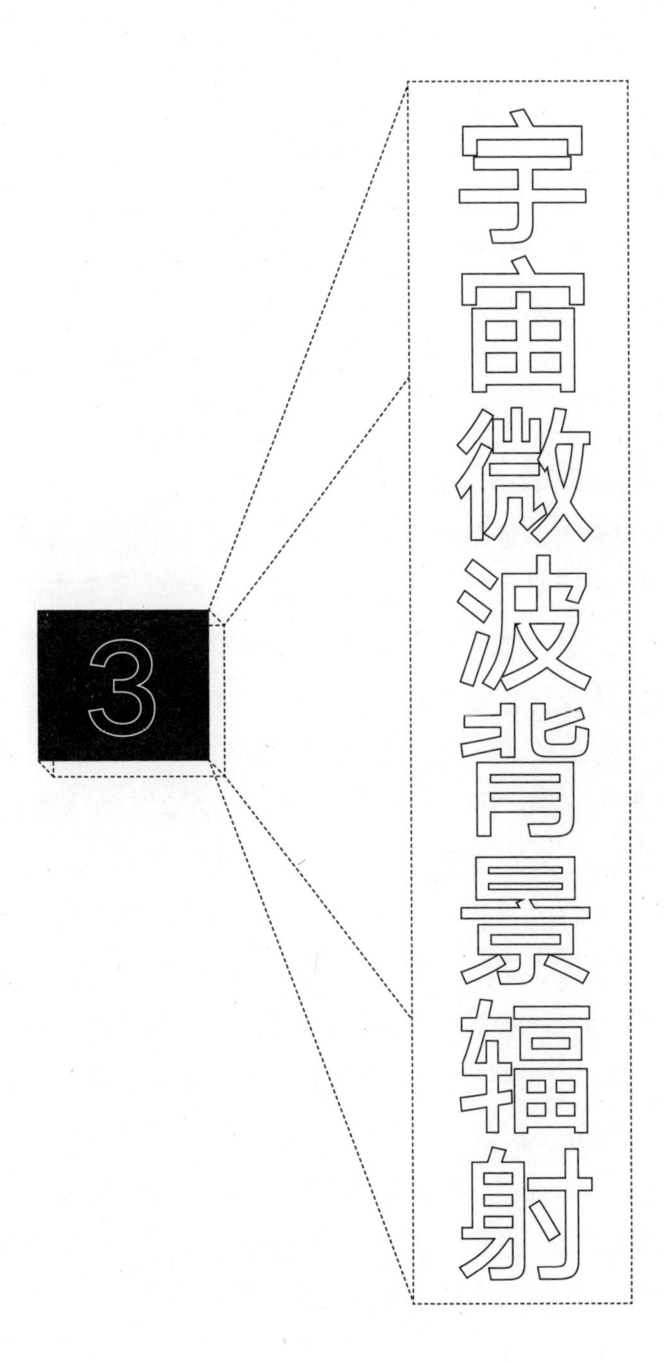
3
宇宙微波背景辐射

上一章所讲述的情形是过去的天文学家所熟知的，甚至连背景都是熟悉的：大型望远镜从加利福尼亚或秘鲁的山顶探索着黑夜的天空，或者，观测者在塔顶用肉眼“经常观测大熊座”。正如我在前言中所述，这也是在过去多次被提及的情形，而且常常比这里描述的还要详细。

现在我们来讨论一种不一样的天文学，是一些在 10 年前不可能讨论的情形。我们将要谈到的不是在几亿年前，由那些与我们的星系类似的星系所发射出来的光的观测，而是要讨论从宇宙形成之时，剩余的射电静电干扰弥漫背景的观测。背景也发生了变化，变成了大学物理楼的楼顶，变成了飞翔在地球大气层上面的气球和火箭，变成了新泽西州西北部的田野。

1964 年，贝尔电话实验室在新泽西州霍尔姆德尔市格劳福德山上实验了一种不同寻常的无线电天线。人们修建该天线原本是为了通过回声号卫星进行通信，但它的特点——20 英尺长的超低噪声号角状反射器——使其成为射电天文学的一个大有作为的仪器。两名射电天文学家，阿诺 · A. 彭齐亚斯和罗伯特 · W. 威尔逊开始使用这个天线来测量我们的星系在高银纬，即在银河系平面之外所发射的射电波的密度。

这种测量难度很大。我们星系的射电波，同大多数天文学意义上的射电波一样，最好称之为一种“噪声”，就像在雷雨天气听收音机时的“静电干扰”。我们很难将这种射电噪声和电子在射电电线结构及放大器电路范围内随意运动所产生的电噪声分辨开来，或者我们也很难将这种电噪声和天线从地球大气层中所接收的射电噪声分辨开来。当我们研究相对“较小”的射电噪声源，如一颗恒星或一个遥远星系时，这个问题还不是那么严重。在这种情况下，人们可以将天线射束在噪声源与邻近的空旷天空之间来回转换；无论天线是朝向噪声源还是朝向邻近天空，是来自天线结构、放大器电路还是来自地球大气层的任何乱真噪声，都基本相同，这样，当将两者进行比较时，就会相互抵消。但是，彭齐亚斯和威尔逊打算测量的是来自我们星系的射电噪声。实际上，是来自天空本身的射电噪声。因此，分辨出在其接收系统范围内所有可能产生的任何电噪声是至关重要的。

实际上，在之前对这一系统所进行的实验中发现的噪声，比能够追根溯源的噪声稍多一点，但是这种差异有可能是放大器电路中的电噪声稍稍超量造成的。为了消除这种问题,彭齐亚斯和威尔逊使用了一种“冷负载”的方法——比较来自天线的功率与大约在绝对零度4摄氏度的情况下,使用液态氦冷却的人工源所产生的功率。在这两种情况下,放电器电路的电噪声均相同,从而在比较过程中可以互相抵消,于是容许直接测量来自天线的功率。通过这种方法测量所得的天线功率仅包括来自天线结构、地球大气层和任何天文射电波源的功率。

彭齐亚斯和威尔逊认为,在天线结构内部所产生的电噪声非常少。然而,为了检验这个假设,他们首先在相对较短的波长,即7.35厘米的波长位置进行观测,在这里,来自我们星系的射电噪声可以忽略不计。当然,在这个波长位置,地球大气层会产生某些射电噪声,但这对方向有着独特的依赖性:它与沿天线所指方向的大气厚度成正比——偏向天顶时较小,偏向地平线时较大。据估计,在减去具有方向独特依赖性的大气项后,基本上就不会有天线功率残留下来了,这就证实在天线结构内部所产生的电噪声实际上是可以忽略不计的。接下来,他们就可以在较长的波长,即21厘米左右的波长位置研究星系本身,在这里,星系射电噪声有可能相当多。

顺便提一句,波长为7.35厘米或21厘米,最高可达1米的射电波,被称为“微波辐射”。这是因为这些波长比第二次世界大战初期雷达上所使用的VHF波段的波长短的缘故。

令彭齐亚斯和威尔逊吃惊的是，1964 年春，他们发现在 7.35 厘米的波长上接收到了数量可观的微波噪声，并且这些微波噪声不受方向影响。另外，他们还发现这种“静电干扰”并不随时辰、季节或年份的变化而变化。它似乎并不可能来自我们的星系；如果是的话，那么，仙女座中的大星系 M31 也应正在 7.35 厘米的波长上发出强大的辐射，而这一微波噪声也已经被观测到。仙女座中的大星系 M31 在很多方面都与我们的星系相似。尤其是，所观测到的微波噪声不因方向的变化而变化，这一点有力地说明如果这些射电波是真的，那它们也不是来自银河系，而是来自宇宙内一个大得多的天体。

显然，需要重新考虑天线本身是否会产生比预期更多的电噪声。特别是，据知，两只鸽子栖息在天线上。这两只鸽子被捉住后，寄养在慧帕尼的贝尔实验室；被释放后，发现它们几天后又回到了霍尔姆德尔的天线上；再次将它们捉住，最后，为了阻止它们而采取了更为果断的措施。但在鸽子的栖息过程中，它们已经在天线上涂抹了一层被彭齐亚斯精确地称为“一种白色的介电物质”的东西，而这种物质在室温下有可能成为电噪声的一种来源。1965 年初，他们得以打开天线，清除杂物，但这些措施及所有努力仅仅使所观测到的噪声级降低了一点点。不解之谜依然存在：微波噪声到底来自何方？

彭齐亚斯和威尔逊所掌握的一条数字数据，是他们所观测到的射电噪声的强度。描述这个强度时，他们使用了一种射电工程师常用的语言，但事实证明，在这种情况下，它却产生了意想不到的相关性。任何一种物体在高于绝对零度的温度条件下，都会释放射电噪声。这些射电噪声是由物体内部电子的热运动产生的。在一个四壁不透明的盒子里，任何规定波长上的射电噪声的强度都取决于墙壁温度——温度越高，静电干扰强度越大。因此，可以用“等效温度”一词来描述规定波长所观测到的射电噪声的强度。等效温度指盒子四壁的温度，在其中，射电噪声会达到观测强度。当然，射电望远镜不是温度计；它通过记录射电波在天线结构中导致的微小电流来测量射电波的强度。当一个射电天文学家说他已观测到某某等效温度下的射电噪声时，他的意思仅仅是说，这是为了获得射电噪声观测强度而不得不将天线置于其中的不透明盒子的温度，而天线是否在盒内，则是另外一回事了。

为了防止专家们提出反对意见，我需要说明的是，射电工程师经常根据所谓的天线温度来说明射电噪声的强度，天线温度与上述“等效温度”略有不同。关于彭齐亚斯和威尔逊所观测的波长和强度，这两个定义实际上是完全相同的。

彭齐亚斯和威尔逊发现，他们所接收到的射电噪声的等效温度约为绝对零度以上 3.5 摄氏度（或更精确地说，为绝对零度以上 2.5 ~ 4.5 摄氏度）。虽然有些温度根据摄氏温标进行测量，但它们却并非冰的熔点温度，而是指绝对零度，它们被称为“开氏温标”。因此，彭齐亚斯和威尔逊所观测到的射电噪声的“等效温度”为 3.5 开尔文，或简称为 3.5 K。尽管这个温度比预期的要高得多，但从绝对意义上来讲，仍然是非常低的，因此，彭齐亚斯和威尔逊在发表他们的发现结果之前曾考虑再三。当然，人们当时并没有马上意识到这是自发现红移以来最重要的宇宙学进展。

不久，由天文物理学家组成的“无形学院”便开始解释微波噪声之谜。彭齐亚斯碰巧因为一些其他事情给麻省理工学院的伯纳德·伯克打电话，他是一位射电天文学家。伯克刚从另一个同事——卡内基学院的肯·特纳——那里听到特纳从约翰·霍普金斯获悉的一个由 P.J.E. 皮布尔斯所作的讲话，他是一位来自普林斯顿的年轻理论家。在这次讲话中，皮布尔斯指出，应该存在一种早期宇宙残留的射电噪声背景，其当前的等效温度大致为 10 K。伯克当时已经知道彭齐亚斯正在使用贝尔实验室号角状天线测量射电噪声温度，因此，他在电话中问到彭齐亚斯测量的进展情况。彭齐亚斯告诉他，测量进展顺利，但对于某些测量结果，他还没有弄明白。伯克建议说，这位来自普林斯顿的物理学家的想法也许对他的天线所接收的东西能提出一些有趣的看法。

皮布尔斯在他的谈话中，以及在 1965 年 3 月撰写的一个预印本中提出，早期宇宙中有可能存在辐射。“辐射”当然是一个广义词，它包括所有波长的电磁波——不仅包括射电波，还包括红外线、可见光、紫外线、X 射线和伽马射线。伽马射线是一种波长极短的辐射（参见书后附录图表）。它们之间没有明显区分，随着波长的变化，一种辐射逐渐与另一种辐射融为一体。皮布尔斯指出，如果在宇宙形成的最初几分钟不存在一个强大的背景辐射，那核反应的进行就会非常迅速，很大一部分氢就会被“烹饪”成较重的元素，这与当前宇宙中大约 3/4 是氢的事实相互矛盾。只有在宇宙充满辐射的情况下，才能阻止这种迅速的核烹饪，因为在巨大的等效温度条件下，在极短波长上，辐射可将核炸开，其爆炸速度如同其形成速度一样快。

我们将会看到，这种辐射在随后的宇宙膨胀过程中生存了下来，但在宇宙膨胀过程中，其等效温度仍将不断下降，与宇宙规模成反比（正如我们将要看到的那样，这实际上是在第 2 章中提到的一种红移效应）。因此，当前宇宙也应充满辐射，但其等效温度要比宇宙最初几分钟的等效温度低得多。皮布尔斯估计，为了确保背景辐射能够使在宇宙最初几分钟所产生的核和较重元素处于已知范围内，背景辐射的强度应非常强大，使其当前温度至少达到 10 K。

10 K 这一数值估计得多少有些高，很快，皮布尔斯和其他人使用更准确的数值取代了这个计算结果，这一点将在第 5 章中进行论述。实际上，皮布尔斯的预印本从未以原始形式发表过。然而，这个结论还是非常正确的，根据氢的观测丰度，我们可以推断，宇宙在最初几分钟一定充满了数量巨大的辐射，这些辐射可以阻止过多的较重元素形成；从那时开始，宇宙的膨胀便使其等效温度降低至几开尔文，从而形成了目前的射电噪声背景，它们均匀地来自所有方向。这好像立即成为了对彭齐亚斯和威尔逊的发现的理所当然的解释。因此，从某种意义上讲，置于霍尔姆德尔的天线的确是在一个盒子中——这个盒子就是整个宇宙。然而，该天线所记录的等效温度并非是当前宇宙的温度，而是很久之前的宇宙温度，其温度的降低与那时起开始的宇宙巨大膨胀成正比。

皮布尔斯所做的工作仅仅是一系列大量类似的宇宙猜测中最晚作出的。实际上，在 20 世纪 40 年代末，乔治・伽莫夫及其合作者，拉尔夫・阿尔弗和罗伯特・赫尔曼就已提出关于核合成的“大爆炸”理论。1948 年，阿尔弗和赫尔曼使用“大爆炸”理论进行预测，认为存在一个背景辐射，其等效温度约为 5 K。1964 年，俄罗斯的亚・B. 泽利多维奇，英国的弗雷德・霍伊尔和 R.J. 泰勒又分别得出类似的计算结果。最初，贝尔实验室和普林斯顿的小组并不知道这些早期工作成果，也没有对背景辐射的实际发现产生影响，所以我们将在第 6 章中再来详细讨论。在第 6 章中，还将讨论一个令人费解的历史问题，即这些早期理论工作为什么没有引起人们研究宇宙微波背景辐射的兴趣。

受普林斯顿资深实验物理学家罗伯特·H. 迪克的思想影响，皮布尔斯在 1965 年计算得出这个结果（除此之外，迪克还发明了射电天文学家所使用的若干关键微波技术）。在 1964 年的某个时候，迪克开始思考在宇宙温度高且密度大的早期阶段，是否残留了某些可观测的辐射。迪克是根据宇宙的“振荡”理论提出这个猜测的，我们将在本书的最后一章对这个理论进行论述。显然，他对这个辐射的温度不抱任何明确期望，但他仍对一种实质性观点表示赞赏，即还是有东西值得研究。迪克向 P.G. 罗尔和 D.T. 威尔金森建议，他们一起研究微波背景辐射，并着手在普林斯顿和帕洛玛物理试验室的楼顶上设定一个小型低噪声天线（在这里无须使用大型射电望远镜，因为辐射来自所有方向，因此，安装一个针对性更强的天线，没有任何好处）。

在迪克、罗尔和威尔金森完成测量工作之前，迪克接到了彭齐亚斯的电话，当时，彭齐亚斯刚刚从伯克那里听说了皮布尔斯的工作。他们决定在《天文物理杂志》上发表两篇姊妹文章。在文章中，彭齐亚斯和威尔逊将说明他们的观测结果，迪克、皮布尔斯、罗尔和威尔金森将作出宇宙学解释。彭齐亚斯和威尔逊在当时仍非常谨慎，给他们的论文起了一个很适中的标题，即“在 4.080 兆周 / 秒上对过量天线温度的测量”（天线调到的频率为 4.080 兆周 / 秒或 4.080 亿周 / 秒，相当于 7.35 厘米的波长）。他们仅宣布说："对有效天顶噪声温度的测量……已得出一个数值，该数值比预期值高大约 3.5 K。"他们避免提及宇宙学，仅指出"关于观测到的过量噪声温度的可能解释，可参考迪克、皮布尔斯、罗尔和威尔金森在本期的姊妹文章中所作的解释。"

彭齐亚斯和威尔逊发现的微波辐射真是宇宙初期残留下来的吗？在我们进一步思考自 1965 年以来为解决这个问题所进行的实验之前，应首先明确我们在理论上的设想：如果目前的宇宙学思想正确，那么，充满宇宙的辐射的基本特性是什么？这个问题让我们开始思考，随着宇宙的膨胀，辐射发生了什么——不仅是在发生核合成时，在最初三分钟结束时，还包括自那时起已消逝的 10 亿年间。

如果我们现在放弃一直使用的关于电磁波辐射的传统描述，转而采纳更为现代的"量子"观点，对我们来说是大有裨益的。"量子"观点认为，辐射是由称为"光子"的粒子组成的。一个普通的光波包括大量一起传播的光子，但如果我们想要准确测量波列所携带的能量，会发现它总是一定量的倍数，被称为单个光子的能量。正如我们将要看到的那样，光子能量通常都非常小，因此，从大多数使用目的上来说，似乎电磁波可以有任何能量。然而，辐射与原子或原子核之间的相互作用，通常是一次一个光子。在研究这种过程时，我们需要采纳光子而不是波的描述方法。光子为零质量和零电负荷，但它们却是实实在在的——

图 3.1　霍尔姆德尔的射电望远镜

阿诺·彭齐亚斯（右）和罗伯特·W. 威尔逊（左）以及他们在 1964—1965 年，发现 3 K 宇宙微波背景辐射时所使用的 20 英尺号角状天线。这台望远镜现置于贝尔电话实验室的所在地——新泽西州的霍尔姆德尔。（贝尔电话实验室照片）

图 3.2　霍尔姆德尔的射电望远镜内部

如图 3.2 所示，彭齐亚斯正在轻拍霍尔姆德尔的 20 英尺号角状天线的结合处，而威尔逊正在一旁观看。为了消除天线结构中有可能造成 1964—1965 年所观测到的 3 K 微波静电的任何可能的电噪声来源，他们做了很多努力，这只是其中的一部分工作。所有这些努力都只能在很小的程度上降低所观测到的微波噪声强度，这不可避免地导致一个结论，即微波辐射的确来自宇宙。（贝尔电话实验室照片）

图 3.3　普林斯顿射电天线

如图 3.3 所示，这是在普林斯顿最初进行实验的情形，人们试图通过这个实验寻找关于宇宙背景辐射的证据。小型号角状天线朝向天空，置于木质平台之上。在照片中，威尔金森站在天线下方稍靠右的位置；罗尔则站在天线下方，整个人几乎被设备完全遮掩。照片中还有一个闪闪发光的，顶部是圆锥形的圆柱体，这是用来维持液体氦参照源的低温设备的一部分。液体氦参照源的辐射可与来自天空的辐射进行对比。这个实验证明，在比彭齐亚斯和威尔逊所使用的波长还短的波长上存在 3 K 背景辐射。（普林斯顿大学照片）

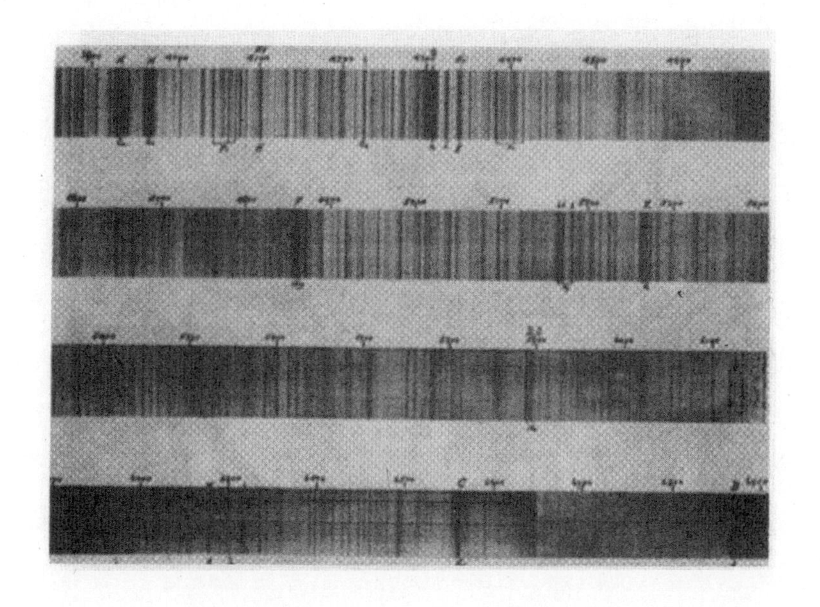

图 3.4　用 13 英尺光谱仪制作的太阳光谱

太阳光谱：这幅照片显示了来自太阳的光，它被一个 13 英尺聚焦光谱仪分割成了各种波长。平均来说，不同波长上的强度与在 5 800 K 温度条件下的任何完全不透明(或"黑色")物体所释放的强度大致相同。然而，光谱中的垂直黑色"夫琅和费"线说明，来自太阳表面的光正被一个相对凉爽的、部分透明的外部区域所吸收，这个区域被称为反变层。每条黑线都是由在特定波长上的光选择吸收造成的，线越黑，吸收强度越大。上述光谱中的波长显示单位为埃（10^{-8} 厘米）。大多数这样的线都是由特定元素，如钙（Ca）、铁（Fe）、氢（H）、镁（Mg）和钠（Na），对光的吸收造成的。部分地通过研究这种吸收线，我们可以预估宇宙中各种化学元素的丰度。据观测，遥远星系光谱中相对应的吸收线从通常位置朝着较长波长位置移动；正是通过这种红移，我们推断出，宇宙正在膨胀。（海耳天文台照片）

每个光子都携带一定的能量和动量，有的甚至还围绕其运动方向作一定的自旋。

当单个光子在宇宙中传播时，会发生什么？从目前的宇宙情形看，不会发生太多事情。从大约 100 亿光年远的物体上发出的光传播到我们这里，似乎没有任何问题。因此，无论星系际空间存在何种物质，它都必须足够透明，这样，光子才能跨越宇宙中一段相当长的距离，而没有被驱散或吸收。

然而，遥远星系的红移告诉我们，宇宙正在膨胀，因此，宇宙组成成分的压缩程度在过去一定比现在要大得多。通常情况下，当液体被压缩时，其温度会升高，因此，我们还可以推断，在过去，宇宙物质的温度一定比现在要高得多。事实上，我们相信，曾经有一段时间（正如我们会看到的那样，这段时间自宇宙形成后可能持续了 700 000 年），宇宙组成成分的温度非常高，密度非常大，但还未凝聚成恒星和星系，甚至原子仍处于分裂状态，其成分表现为组分核和电子。

在这些不利条件下，光子不能像在当前的宇宙中那样，不受阻碍地传播到很远的距离。光子在传播过程中会遇到大量的自由电子，自由电子可以有效驱散或吸收光子。如果光子被电子驱散，它通常会将少量能量给予电子，或从电子处获得少量能量，这取决于刚开始的时候，光子能量是否大于电子能量。在光子被吸收或其能量发生明显变化之前，能够传播的“平均自由时间”比宇宙膨胀特征时间短。其他粒子，如电子和原子核相对应的平均自由时间甚至更短。因此，尽管从某种程度上来说，宇宙最初在迅速膨胀，但对于单个光子、电子或核来说，膨胀所使用的时间已经足够长了，随着宇宙的膨胀，每个粒子都被多次驱散、吸收或再释放。

在任何这种类型的系统中，单个粒子都有时间发生多次相互作用。这样的系统都有可能达到一种平衡状态。大量具备这种特性（位置、能量、速度、自旋等）的粒子在一定范围内都会达到一个数值，这样，每秒撞出射幅的粒子与每秒撞入射幅的粒子数量相同。因此，这样一个系统的特性不会由任何初始状态决定，而是由保持平衡的要求决定。当然，在这里，“平衡”并不意味着粒子被冻结——每个粒子都连续不断地受到相邻粒子的碰撞。相反，平衡是统计意义上的平衡——这是粒子在位置、能量等方面的分布方式，这种方式不会改变，或者变化得非常缓慢。

这种统计学意义上的平衡通常被称为“热平衡”，因此，这种系统的平衡状态通常都有一个特点，即整个系统内的温度是一定的。实际上，严格地讲，只有在热平衡状态下，才能准确地确定温度。“统计力学”是理论物理的一个强大而深奥的分支，它提供了一种能够计算热平衡状态下任何系统特性的数学工具。

热平衡的运行方式与价格机制在古典经济学中的运行

方式相似。如果求大于供，货物价格就会上涨，从而抑制有效需求，并促进产量的提高。如果供大于求，货物价格就会下降，从而提高有效需求，并抑制进一步的生产。无论上述哪一种情况，供求都会趋于平衡。同样，如果在某个特定范围内，具有能量、速度等的粒子过多或过少，那么，它们离开这个范围的速度就会比进入这个范围的速度大或小，直到实现平衡。

当然，价格机制的运行方式并不总是与古典经济学所预期的运行方式一致，但这一类比在这里同样适用——大多数真实世界中的物理系统与热平衡相去甚远。在恒星的中心位置，热平衡几近完美，因此，当我们预估那里的情形时，还可以稍有自信，但地球表面没有地方能够达到完美的热平衡状态，因此，我们无法确定明天是否会下雨。宇宙从未达到完美的热平衡状态，因为宇宙毕竟正在不断膨胀。然而，在宇宙早期，当单个粒子的驱散或吸收速度远远快于宇宙的膨胀速度时，我们还可以认为，宇宙在"缓慢地"从一个几近完美的热平衡状态向另一种状态演化。

宇宙曾经有过一个热平衡状态，这一点对于本书的论证至关重要。根据统计力学的结论，在热平衡状态下，一旦我们规定了系统的温度和一些守恒量（在第 4 章中将进行详细论述）的密度，那就可以完全确定任何系统的特性。比如，宇宙保存下来的关于初始状态的线索非常有限。如果想重新构建宇宙的起源，那么，这会令人感到非常遗憾，但它仍提供了一种补偿，即我们可以推断自宇宙起源之后的事件进程，而不必随心所欲地去猜想。

我们已经看到，彭齐亚斯和威尔逊所发现的微波背景辐射被认为是宇宙在热平衡状态时残留下来的。因此，为了弄清我们所观测到的微波背景辐射的特性，必须要提出以下问题：与物质有着热平衡状态关系的辐射的基本特性是什么？

正巧，这也是历史上导致量子理论及关于光子辐射解释的问题。到 19 世纪 90 年代，已得知与物质处于热平衡状态的辐射的特性仅仅取决于温度。更为准确地说，在特定的波长范围内，这种辐射每单位体积能量的数量是通过一个通用公式计算得出的，这个通用公式仅仅包括波长和温度。另外，还可用这个公式计算出在四壁不透明的盒子内的辐射数量，因此，射电天文学家可以使用这个公式，根据“等效温度”，来说明他所观测到的射电噪声强度。实质上，这个公式还可以计算完全性吸收表面在任何波长上每秒和每平方厘米所释放的辐射数量，因此，这种类型的辐射通常被称为“黑体辐射”。也就是说，黑体辐射的特点是能量随波长的确切分布可以通过一个通用公式计算得出，而这个公式仅由温度决定。19 世纪 90 年代，理论物理学家所面临的最棘手的问题就是找到这一公式。

在 19 世纪即将结束的最后几周，马克斯·卡尔·恩内斯特·路德维希·普朗克找出了黑体辐射的正确公式。

关于普朗克结果的准确形式如图 3.5 所示，它表示的是所观测到的宇宙微波噪声 3 K 的特定温度。普朗克公式定性总结如下：在一个充满黑体辐射的盒子内，在任何波长范围内的能量都随着波长的增加而急速上升，达到最大值后，又急速下降。“普朗克分布”是通用的，它不受与辐射发生相互作用的物质的性质影响，仅由温度决定。就像今天的用法一样“黑体辐射”指随着波长的能量分布，与普朗克公式相符合的任何辐射，不论这个辐射是否真的是由一个黑色的物体所释放。因此，至少在开始时第 100 万年左右的时间里，宇宙一定是充满黑体辐射的，其温度等于宇宙物质成分的温度。

普朗克计算结果的重要性远远超出了黑体辐射的问题范围，因此他在其中引入了一种新的思想，即能量是以块或“量子”形式出现的。最初，普朗克只考虑了与辐射处于热平衡状态的物质能量的量子化问题，但几年后，爱因斯坦指出，辐射本身也是以量子的形式出现的，这些量子后来被称为光子。在 20 世纪 20 年代，这些研究进展最终导致了科学史上最伟大的知识革命之一，用一种全新的语言，即量子力学取代古典力学。

在本书中，我们无法过多涉及量子力学的内容。然而，这可以帮助我们理解宇宙膨胀中的辐射行为，从光子的角度窥探辐射如何导致普朗克分布的基本特征。

黑体辐射的能量密度在极大波长的情况下出现降低的

原因很简单：我们很难将辐射纳入尺寸小于波长的任何体积。这一点，在量子理论产生之前，仅根据以前的辐射波理论，也可以理解（人们也是这样理解的）这一点。

另一方面，黑体辐射的能量密度在极短波长情况下也有可能降低，这就无法用非量子辐射的描述来理解了。众所周知，统计力学有一个结论，即在任何规定的温度下，都很难产生能量大于规定数量值且与温度成正比的任何类型的粒子、波或其他激发。然而，如果辐射波可以有任意小的能量，那么，就不会有任何东西能够限制极短波长上的黑体辐射的总数量。这不仅与实验结果自相矛盾——还会导致灾难性后果，黑体辐射的总能量将变得无穷无尽！唯一的解决方法是，假设能量以块或“量子”的形式出现，每块的能量数量值随着波长的减少而增加，这样，在任何规定温度下，在任何短波长上的辐射都会非常少，因为块有极高的能量。在爱因斯坦这个假设的最终公式中，任何光子的能量都与波长成反比；在任何特定的温度下，黑体辐射所包括的含有极大能量的光子极少，因此，它所包括的有着极短波长的光子也极少，这就说明了普朗克分布在短波长上减少的原因。

具体地讲，波长为 1 厘米的光子的能量为 0.000 124 电子伏，波长越短，能量越大。电子伏是一种方便计算的能量单位，等于一个电子在通过一个 1 伏〔特〕电压降时所获得的能量。比如，一个普通的 1.5 伏〔特〕的闪光灯

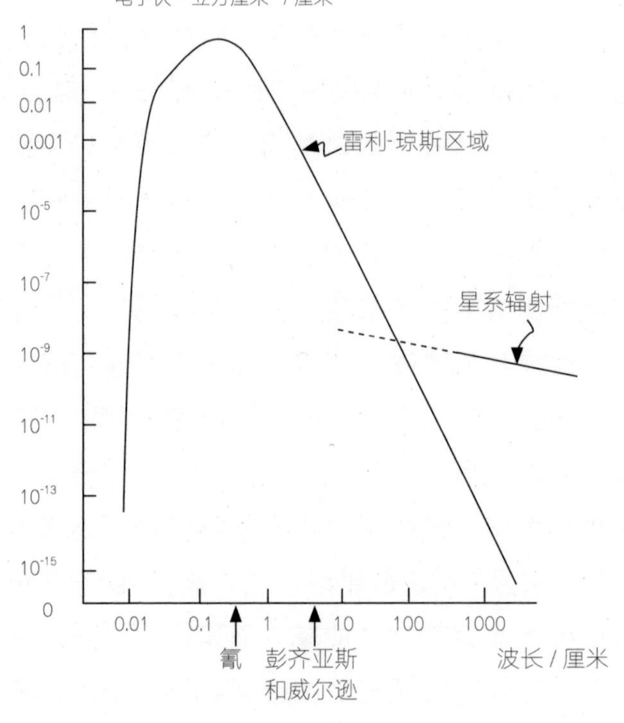

图 3.5　普朗克分布

温度为 3 K 的黑体辐射的每单位波长范围内的能量密度是作为波长函数来表示的（如果温度比 3 K 高出 f 倍，则仅需将波长减少为 $1/f$，将能量密度增加为 f^5）。上方曲线的直线部分用“雷利 - 琼斯区域”作了近似描述；除了黑体辐射外，在大多数情况下，都有可能出现这一斜度的线。左侧的陡降是由辐射的量子性质造成的，这也是黑体辐射的一个特性。标有“星系辐射”的线说明从我们的星系产生的射电噪声的强度（下方箭头所示为彭齐亚斯和威尔逊最初测量的波长，在这一波长上，可以根据星际氰的第一个激发转动态的吸收测量结果推断出辐射温度）。

电池，推动每个电子通过电灯丝时所消耗的能量为 1.5 电子伏（根据能量米制单位，1 电子伏为 1.602×10^{-12} 尔格或 1.602×10^{-19} 焦〔耳〕）。根据爱因斯坦规则，在彭齐亚斯和威尔逊所调到的 7.35 厘米微波波长上的一个光子的能量为 0.000 124 电子伏除以 7.35 得出的数值，或 0.000 017 电子伏。另一方面，可见光的典型光子的波长约为两万分之一厘米（2×10^{-4} 厘米），因此其能量应为 0.000 124 电子伏乘以 20 000 得出的数值，或约为 2.5 电子伏。无论在何种情况下，一个光子的能量从宏观角度来说是非常小的，这也是为什么看起来光子是混合在一起后才形成连续辐射流的原因。

顺便提一下，化学反应能量的能量级通常为每个原子或每个电子携带一电子伏。例如，从一个氢原子中剥离出其中的电子共需 13.6 电子伏，但这只是异常强烈的化学事件。蕴藏在阳光中的光子能量的能量级也有大约 1 电子伏，这一事实对我们至关重要；正是这个才确保了这些光子能够产生对生命所不可或缺的化学反应，如光合作用。核反应能量的能量级通常为每原子核 100 万电子伏，因此，一磅铀的爆炸能量大致相当于 100 万磅 TNT 的爆炸能量。

光子的这种情形让我们很容易就能理解黑体辐射的主要定性特性。首先，统计力学原则告诉我们，典型光子能量与温度成正比，而爱因斯坦的规则告诉我们，任何光子的波长均与光子能量成反比。因此，综合这两个规则可以得出，黑体辐射的光子的典型波长与温度成反比。从量上说，在其附近聚集着黑体辐射的大部分能量的典型波长，在 1 K 温度条件下，其典型波长为 0.29 厘米，温度越高，波长越短。

例如，处于一个温度为 300 K（约 27 摄氏度）的普通“室”内的不透明物体所释放的黑体辐射的典型波长为 0.29 厘米除以 300 得出的数值，即约 10^{-3} 厘米。这属于红外辐射的范围，其波长太长，已经超出了我们的肉眼所能观测到的范围。另一方面，太阳表面温度约为 5 800 K，因此，太阳所释放的光的峰值波长，大约为 0.29 厘米除以 5 800 得出的数值，也就是大约为 50 万分之一厘米（5×10^{-5} 厘米），或相当于约 5 000 埃（1 埃为一亿分之一厘米或 10^{-8} 厘米）。正如之前所涉及的那样，这正处于我们经过演化之后的肉眼能够观测到的波长范围，被称为“可见”波长。这些波长极短，直到 19 世纪初，人们才发现光具有波的性质；只有当我们研究通过非常小的孔的光时，才能发现波传播所特有的一些现象，如衍射。

我们还发现，较长波长上的黑体辐射能量密度减少，是因为我们很难将辐射纳入尺寸小于波长的任何体积。实际上，黑体辐射中两个光子之间的平均距离大致等于典型光子波长。但我们发现，这个典型波长与温度成反比，因此，两个光子之间的平均距离也与温度成反比。在固定体积内的任何类型的物体数量都与其平均间隔的立方成反比，因此，黑体辐射的规则是，在规定体积内的光子数量与温度的立方成正比。

将这些信息综合起来，即可得出关于黑体辐射能量数量的某些结论。每升的能量，或“能量密度”就是每升的光子数量乘以每个光子的平均能量得出的数值。但我们已经发现，每升的光子数量与温度的立方成正比，而平均光子能量仅与温度成正比。因此，黑体辐射中每升的能量与温度的立方乘以温度成正比，换句话说，与温度的四次方成正比。从量上说，在 1 K 温度条件下，黑体辐射的能量密度为 4.72 电子伏 / 升，而在 10 K 温度条件下，黑体辐射的能量密度为 47 200 电子伏 / 升，以此类推（这被称为斯蒂芬 - 玻尔兹曼定律）。如果彭齐亚斯和威尔逊所发现的微波噪声真的是在 3 K 温度条件下的黑体辐射，那么，其能量密度一定是 4.72 电子伏 / 升乘以 3 的四次方得出的数值，或大约为 380 电子伏 / 升。当温度升高 1 000 倍时，能量密度增大 1 万亿（10^{12}）倍。

现在，可以回到古老的微波辐射的起源了。我们已经看到，宇宙一定曾经历过一段时期，在那时，宇宙温度非常高，密度非常大，原子被分解成了核和电子，而自由电子对光子的散射还保持着物质和辐射之间的热平衡。随着时间的推移，宇宙开始膨胀，逐渐冷却，最终温度降到极低（约 3 000 K），使核和电子结合成原子（在天文物理文献中，通常被称为“再结合”，这是个不太恰当的说法，因为在当时，核和电子从未在过去的宇宙史上结合成原子）。自由电子的突然消失打破了辐射和物质之间的热联系，此后，辐射继续自由地膨胀着。

当这一切发生时，各个波长的辐射中的能量由热平衡的状况决定，因此，当温度等于物质温度，即约 3 000 K 时，可以根据普朗克黑体公式计算得出各个波长的辐射中的能量。特别是，典型光子波长约为 1 微米（1×10^{-4} 厘米，或 10 000 埃），两个光子之间的平均距离大致等于典型波长。

自那时起，光子发生了什么？单个光子不会被创造或毁灭，因此，两个光子之间的平均距离仅与宇宙规模成正比，即与两个典型星系之间的平均距离成正比。但我们在第 2 章看到，宇宙红移效应是随着宇宙膨胀，所有光线的波长将被“拉长”；因此，任何单个光子的波长也仅与宇宙规模成正比。光子之间的间隔仍保持着约一个典型波长的距离，如黑体辐射那样。按此推理，从量上说，随着宇宙的膨胀，充满宇宙的辐射仍可继续使用普朗克黑体公式精确地进行描述，即使它不再与物质保持着热平衡（参见书后数学注释 4）。黑体辐射的温度与典型波长成反比，因此，它会随着宇宙的膨胀而降低，与宇宙的规模成反比。

例如，彭齐亚斯和威尔逊发现，他们所发现的微波静电干扰强度大致相当于 3 K 的温度。如果温度足够高（3 000 K），能够使物质和辐射一直保持在热平衡状态，确保宇宙以 1 000 的系数膨胀，那么，这恰好是我们所期望的结果。如果这种解释正确，那么，3 K 的射电静电干扰是迄今为止天文学家所接收到的最古老的信号，它们的发射时间比我们所观测到的最遥远星系的光还要早得多。

但彭齐亚斯和威尔逊所测量的仅仅是一个波长，即 7.35 厘米波长上的宇宙射电静电干扰的强度。因此，当务之急是确定能否使用普朗克黑体公式描述波长辐射能量的分布，如果这的确是辐射和宇宙物质处于热平衡状态时的某个时期残留下来的古老红移辐射，那是可以这样描述的。在这种情况下，根据所观测到的射电噪声强度与普朗克公式的比较结果计算得出的“等效温度”，在所有波长上的数值都应等于彭齐亚斯和威尔逊所研究的在 7.35 厘米波长上的数值。

正如看到的那样，当彭齐亚斯和威尔逊有了这样的发现时，另一个旨在探索宇宙微波背景辐射的努力已在新泽西州展开。在贝尔实验室和普林斯顿小组发表姊妹篇论文后不久，罗尔和威尔金森也宣布了自己的成果：在 3.2 厘米波长上的背景辐射的等效温度处于 2.5 ~ 3.5 K。也就是说，在实验误差范围内，在 3.2 厘米波长上的宇宙静电干扰强度大于在 7.3 厘米波长上的强度，其比率恰好是使用普朗克公式描述辐射时所得出的比率。

自 1965 年以来，射电天文学家多次测量古老的微波辐射强度，范围从 73.5 厘米波长到 0.33 厘米波长不等。

每次的测量结果都与相对于波长的普朗克能量分布相一致，温度处于 2.7 ~ 3 K 范围之内。

然而，在我们得出结论（即这的确是黑体辐射）之前，应回忆一下“典型”波长，正是在“典型”波长上，普朗克分布达到最大值，即 0.29 厘米除以开氏温度得出的数值，对于 3 K 的温度来说，计算结果仅仅小于 0.1 厘米。因此，所有微波测量都是在普朗克分布的最高值的长波上进行的。但我们也已经发现，在光谱范围内，能量密度随着波长的缩短而增加的原因恰好在于很难将大波长纳入小体积中，估计很多辐射场都是这样，包括不是在热平衡状态下所产生的辐射（射电天文学家将这部分光谱视为雷利－琼斯区域，因为，首次对这部分光谱进行分析的是瑞利勋爵和詹姆斯・琼斯爵士）。为了证实我们所看到的的确是黑体辐射，我们必须超越普朗克分布的最高值，进入短波长区域，检查能量密度是否真的随着波长的缩短而降低，就像根据量子理论所得出的结论那样。当波长小于 0.1 厘米时，我们实际上已超出了射电或微波天文学家所研究的领域，进入了红外天文学这一更新的学科。

遗憾的是，我们地球的空气在大于 0.3 厘米的波长上几近透明，而在较短的波长上，透明度变得越来越小。坐落在地面上的任何一个射电天文台，甚至是坐落在高山上的射电天文台，要想能够在远小于 0.3 厘米的波长上测量宇宙背景辐射，似乎都是不可能的。

奇怪的是，背景辐射的确是在较短波长上测量得出的，比本章迄今为止所讨论的任何天文观测都要早得多，而且是由一名光学而不是射电或红外天文学家测量的！在星座蛇夫座（“蛇夫星座”）中，有一个星际气体云，恰好位于地球和一个炽热但并不显眼的恒星，蛇夫 ζ 之间。蛇夫 ζ 的光谱中交叉着许多不常见的黑带，这说明贯穿于其间的气体正在一系列比较明显的波长上吸收光。在这些波长上，光子所具有的能量恰好是气体云分子诱发跃迁使能量从低状态转变到高状态所需的能量（分子，就像原子一样，仅仅在特有的或“量子化”的能量状态下存在）。因此，观测到黑带所出现的波长后，就有可能推断出这些分子的某些性质以及发现它们时所处的状态。

蛇夫 ζ 光谱中的其中一条吸收线处于 3 875 埃（1 厘米的百万分之 38.75）的波长上，这说明在星际云中存在一种分子——氰（CN），它是由一个碳原子和一个氮原子组成的［严格地说，CN 应被称作“基”，意思是在正常条件下，它能够迅速与其他原子结合成更稳定的分子，如毒物氰化酸（HCN）。在星际空间中，CN 是非常稳定的］。1941 年，W.S. 亚当斯和 A. 麦凯勒发现这条吸收线实际上是分割开来的，它由 3 个分别在 3 874.608 埃、3 875.763 埃和 3 873.998 埃波长上的成分组成。这些吸收波长中的第一个相当于一种跃迁，在这个过程中，氰分子从最低能态（“基态”）提升到振动态，即使氰分子的温度为零，这种情形也有可能发生。然而，另外两种吸收线只有通过跃迁才能产生，在跃迁过程中，分子从刚刚高于基态的转动态提升到其他不同的振动态。因此，在星际云中，一定存在相当一部分处于这种转动态下的氰分子。麦凯勒根据基态和转动态之间的已知能量差异，以及所观测到的各种吸收线的相对强度，作出预估，认为氰分子正受到某些微扰的影响，这些微扰的有效温度约为 2.3 K，能够将氰分子提升到转动态。

当时，麦凯勒似乎没有任何理由将这个神秘的扰动与宇宙的起源联系起来，也没有引起很大的关注。然而，在 1965 年发现 3 K 宇宙背景辐射之后，有人（乔治·菲尔德、I.S. 什克洛夫斯基和 N.J. 沃尔夫）意识到，这个扰动恰恰就是 1941 年观测到的使蛇夫星座云中的氰分子转动的那种扰动。只有黑体光子的波长为 0.263 厘米时，才能产生这种转动，这个波长比地面射电天文能够达到的任何波长都要短，但还不足以短到能够检测 3 K 普朗克分布中小于 0.1 厘米的波长的迅速减少。

自那时起，人们便开始研究由处于其他转动态下的氰分子激发而产生的其他吸收线，或处于各种转动态下的其他分子激发而产生的其他吸收线。1974 年，人们观测到了星际氰的第二种转动态的吸收情况，由此作出预估，认为在 0.132 厘米波长上的辐射强度同样也相当于大约 3 K 的温度。然而，到目前为止，这种观测仅能够确定在小于 0.1 厘米的波长上的辐射能量密度的上限。这些结果令人鼓舞，因为它们说明正如人们所预计的那样，如果这就是黑体辐射，那么，辐射能量密度的确是在某个大约 0.1 厘米的波长上开始陡降的。然而，这些上限并不足以让我们确定这是否真的是黑体辐射，或是让我们确定一个精确的辐射温度。

能够解决这一问题的唯一一种可能方法是使用气球或火箭将红外接收器发射到地球大气层上方。进行这些实验的难度是非常大的，一开始得出的结果也不一致，时而鼓舞了标准宇宙学支持者的士气，时而又助长了反对者的气焰。康内尔火箭小组发现，在短波上所发现的辐射要比普朗克黑体分布所预估的辐射大得多，而麻省理工学院气球小组得出的结果则大致与黑体辐射所预估的结果相一致。这两个小组都继续进行着各自的研究工作，到 1972 年，他们都发表了自己的研究成果，说明了温度接近 3 K 的黑体分布。1976 年，伯克利气球小组证实，辐射能量密度在 0.06 ~ 0.25 厘米的短波范围内继续下降，下降方式与我们所预估的在 0.1 ~ 3 K 温度范围内的下降方式相同。现在似乎可以确定的是，宇宙背景辐射的确是黑体辐射，其温度接近 3 K。

读者也许会在这一点上产生疑问，为什么不能在人造地球卫星内部安装红外设备，从而更为简便地解决这一问题，而非要花费大量的时间，在地球大气层上方进行如此精确的测量呢？对于这个问题，我没有十足的把握来回答。通常人们的解释是，为了测量 3 K 的辐射温度，必须使用液体氦（一种“冷负载”）来冷却设备，但人们却不具备使用地球卫星远程携带这种低温设备的技术。然而，人们不禁会想，这些真正的宇宙调查的确应该在空间预算中占据更大的份额。

当我们考虑宇宙背景辐射在方向和波长基础上的分布时，在地球大气层上方进行观测的重要性似乎更大了。迄今为止，所有的观测结果都与完全各向同性（即独立于方向之外）的一种背景辐射相一致。正如在第 2 章所提到的那样，这是赞同宇宙学原理最有利的论据之一。然而，人们很难将宇宙背景辐射特有的对方向的可能依赖性与仅仅由于受到地球大气效应影响而产生的对方向的可能依赖性区分开来；事实上，在测量背景辐射温度时，区分背景辐射与大气辐射的办法，是假设它是各向同性的。

使微波背景辐射对方向的依赖性成为如此具有吸引力的一个研究课题，是因为辐射强度可能并不完全是各向同性的。在释放辐射前或释放辐射后，宇宙实际的崎岖不平会导致强度有可能出现波动，方向也有可能会发生微小变化。例如，在初期形成阶段的星系有可能在空中表现为暖点，黑体温度比平均温度略高，跨度有可能为大于半分钟的弧。另外，在整个天空，辐射强度会发生微小的平缓变化，这是由地球在宇宙中的运动造成的。地球以 30 千米 / 秒的速度绕着太阳旋转，而太阳系则随着我们星系的旋转，以大约 250 千米 / 秒的速度旋转。没有人能够确定我们的星系相对于典型星系的宇宙分布速度，但根据假设，在某些方向上，它以每秒几百千米的速度运行。例如，如果我们假设相对于宇宙的平均物质，即相对于背景辐射，地球正以 300 千米 / 秒的速度运行，那来自地球运动方向之前或之后的辐射波长应相应地减少或增加，减少或增加的比率为 300 千米 / 秒与光速之间的比率，或 0.1%。因此，等效辐射温度应根据方向发生平缓的变化，在地球运动的方向上应比平均值高 0.1% 左右，而在我们来的方向上应比平均值小 0.1% 左右。在过去的几年里，等效辐射温度在任何方向的依赖性的最佳上限范围恰好是 0.1% 左右，因此，我们实际上一直处于一种非常尴尬的境地，即几乎但又不完全可能测量出地球在宇宙中的运行速度。在能够通过沿地球轨道运行的卫星进行测量之前，这个问题似乎不太容易解决（在对本书作最后修正时，我收到了国家航空航天局的约翰·马瑟寄来的《宇宙背景探索卫星简讯》第一期。他宣布说，已经任命了一个 6 人科学家小组，它将在麻省理工学院的雷尼尔·韦斯的领导下，研究从太空上对红外和微波背景辐射进行测量的问题）。

我们发现，宇宙微波背景辐射提供了强有力的证据，证明辐射和宇宙物质曾经处于热平衡状态。然而，我们还无法根据等效辐射温度特定的观测数值，即 3 K，得出更多关于宇宙学上的深刻见解。实际上，这个辐射温度能够帮助我们确定一个关键数字，我们在研究宇宙最初三分钟的历史时会需要它。

正如我们看到的那样，在任何特定温度下，每单位体积的光子数量与典型波长的立方成反比，因此，与温度的立方成正比。对恰好为 1 K 的温度来说，每升的光子数量应为 20 282.9 个，因此，对 3 K 背景辐射来说，每升的光子数量约为 550 000 个。然而，当前宇宙中的核粒子（中子和质子）密度为每千升 0.03 ~ 6 个粒子（上限为第 2 章所讨论的临界密度的两倍；下限是在可见星系上实际所观测到的密度的最低预估值）。因此，根据粒子密度的实际数值，当今宇宙每个核粒子的光子数量为 1 亿 ~ 200 亿。

另外，在很长一段时间内，光子与核粒子的巨大比率都大致保持不变。在辐射自由膨胀期间（自温度降到大约 3 000 K 以下起），背景光子和核粒子既没有被创造，也没有被湮灭，因此，它们的比率大致保持不变。在第 4 章中我们会看到，甚至在很早的时候，当单个光子被创造和被湮灭时，这一比率也是大致不变的。

这是根据微波背景辐射的测量结果得出的最重要的量子结论——在我们能够追溯的宇宙史中，每个中子或质子所含的光子数量为 1 亿 ~ 200 亿。为了避免不必要的模棱两可，我会在下面对这一数字进行四舍五入，为了更好地进行说明，假设在现在和过去，在宇宙的平均成分中，每个核粒子包含的光子数量恰好为 10 亿。

根据这一结论得出的一个非常重要的推论是，直到宇宙温度降低，使电子被俘获，并形成原子之前，物质向星系和恒星的分化是不可能开始的。为了确保引力能够将物质聚集成牛顿所遇见的分离碎片，那么，引力就需要克服物质压力及相关辐射压力。任何初生块内的引力都随块规模的增加而增加，而压力则不取决于规模；因此，在任何特定的密度和压力上，都有一个容易受引力聚集影响的最小质量；这个质量被称为“琼斯质量”，因为在 1902 年，第一次将它引入恒星形成理论的人是詹姆斯·琼斯爵士。事实证明，琼斯质量与压力的 3.5 次方成正比（参见书后数学注释 5）。就在电子刚刚被俘获，并形成原子之前，在大约 3 000 K 温度下，辐射压力巨大，琼斯质量也因此变得巨大，比大星系质量大 100 万倍左右。此时，星系，甚至是星系团都还不够大，都还没有真正形成。然而不久之后，电子就与核结合成了原子；随着自由电子的消失，宇宙变得可为辐射穿透；因此，辐射压力失去了作用。在特定温度和密度上，物质或辐射压力分别与粒子或光子成正比，因此，当辐射压力失去作用时，总有效压力降低了大约 10 亿倍。琼斯质量则降低了这一系数的 3.5 次方，大约为一个星系质量的 100 万分之一。那时起，仅物质一方的压力就变得非常微弱，无法阻止物质聚集成我们现在从星空中所看到的星系。

但这并不是说，我们已真正理解星系形成的过程。星系形成理论是天文物理学中最重要的未解决问题之一，在今天，这个问题也远没有得到解决。但这又是另一回事了。对于我们来说，重点在于早期宇宙中，当温度高于 3 000 K 时，宇宙不是由我们今天在星空中所看到的星系和恒星组成，在当时，宇宙仅仅由一种电离化的、未分化的物质和辐射场组成。

根据光子与核粒子之间的巨大比率得出的另外一个重要推论是，过去一定有一个时期，相对来说也不是很早，辐射能量大于宇宙物质所含能量。爱因斯坦公式 $E=mc^2$ 规定了核粒子质量中的能量，大约为 9.39 亿电子伏。在 3 K 黑体辐射下，一个光子的平均能量要小得多，约为 0.000 7 电子伏，这样即使每个中子或质子对应 10 亿个光子，当前宇宙大部分能量的表现形式也会是物质，而非辐射。然而，在更早时温度更高，因此，每个光子的能量更大，而每个中子或质子质量的能量却一直保持不变。当每个核粒子对应 10 亿个光子时，为了使辐射能量大于物质能量，则仅需确保黑体光子的平均能量超过核粒子质量能量的大约十亿分之一，或大约 1 电子伏。当温度比当前温度大约高 1 300 倍或 4 000 K 时，情况即是如此。该温度标志着从“以辐射为主导的”时代过渡到当前“以物质为主导的”时代。在“以辐射为主导的”时代，宇宙中的大部分能量都表现为辐射，而在“以物质为主导的”时代，大部分能量存在于核粒子的质量中。

引人注目的是，从以辐射为主导的宇宙到以物质为主导的宇宙的过渡，几乎与在大约 3 000 K 下，宇宙成分变得可为辐射穿透这一现象同时发生。尽管一直有人对此提出各种有趣的建议，但没有人能够弄清到底为什么会这样。我们也无法真正弄清到底是哪种过渡先发生的：如果现在每个核粒子对应 100 亿个光子，那在温度降到 400 K 之前，在宇宙成分变得透明之后许久，辐射仍会继续超过物质，占主导地位。

这些不确定性不会影响我们对早期宇宙的讨论。对我们来说，重点是在宇宙成分变得透明之前的任何时间，都可以认为宇宙主要是由辐射组成的，宇宙中仅含有少量物质杂质。当宇宙膨胀时，光子波长开始向红端移动，使核粒子和电子这些杂质发展成为当前宇宙的恒星、岩石和生命体，在这个过程中，早期宇宙中辐射的巨大能量密度也随之消失。

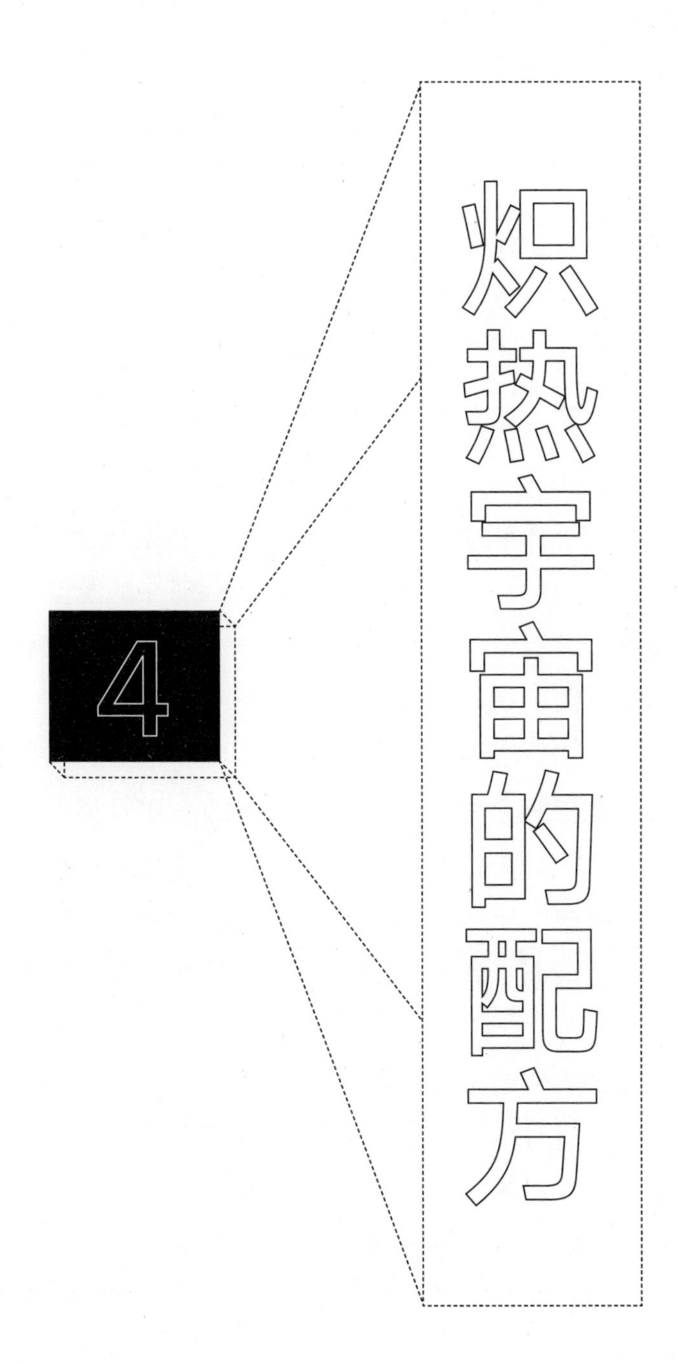
4
炽热宇宙的配方

我们在第 2 章和第 3 章所讨论的观测结果显示，宇宙正在膨胀，且充满了一种宇宙背景辐射，现在的温度约为 3 K。该辐射似乎是从宇宙变得不透明时残留下来的，当时，宇宙比现在小约 1 000 倍，温度比现在高约 1 000 倍（同平常一样，当我们说宇宙比现在小约 1 000 倍时，仅是指任何一对典型粒子之间的距离比现在小约 1 000 倍）。为了给解释最初三分钟作最后的准备，我们必须追溯到更早的时期，在那时，宇宙甚至更小，温度甚至更高，在研究当时的物理状况时，我们运用的是理论工具，而非光学或射电望远镜。

在第 3 章结尾处，我们指出，当宇宙比现在小约 1 000 倍时，其物质成分恰好处于辐射可以穿透的边缘，宇宙也正从以辐射为主导的时代过渡到以物质为主导的时代。在以辐射为主导的时代，不仅每个核粒子对应光子的巨大数量与现在相同，而且单个光子的能量足够大，宇宙大多数能量都表现为辐射，而非物质（记住，根据量子理论，光子是组成光的无质量粒子，或“量子”）。因此，如果把那个时期的宇宙视作完全充满辐射，基本上没有物质存在，也是一个不错的近似。

该结论还应附加一个重要条件。在本章中我们就会看到，纯辐射时期实际仅是从最初几分钟结束时才开始的，当时，温度已经低于几十亿开尔文。更早时，物质的确是非常重要的，但那时的物质与组成当前宇宙的物质相差甚远。然而，在追溯到那个时期之前，首先得考虑一下真正的辐射时期，这个时期从最初几分钟结束时开始，到几十万年之后，当物质再次变得比辐射更加重要时为止。

为了追踪这段时期的宇宙史，我们需要了解，万物在任何特定时间到底有多炽热，或换种方式来说——当宇宙膨胀时，温度与宇宙规模的关系到底是怎样的？

假设辐射正在自由膨胀，就很容易回答这个问题了。随着宇宙膨胀，每个光子的波长会随着宇宙规模的增大而拉长。另外，在第 3 章中我们已经看到，黑体辐射的平均波长与其温度成反比。因此，温度会与宇宙规模成反比降低，就像现在这样。

幸运的是，对于理论宇宙学家来说，甚至当我们考虑到辐射并不真的是在自由膨胀时——在以辐射为主导的时代，光子与数量相对较小的电子和核粒子迅速碰撞使宇宙成分变得不透明，这个简单的关系也是站得住脚的。当光子在碰撞间隔中处于自由飞行状态时，其波长会与宇宙规模成正比增加，每个粒子中对应如此多的光子，碰撞仅能够使物质温度随着辐射温度而变化，而不是使辐射温度随着物质温度而变化。举例来说，当宇宙比现在小 10 000 倍时，温度会比现在高，或约为 30 000 K。关于真正的辐射时代，我们就先谈到这里。

最后，随着对宇宙史的追溯越来越远，我们会来到这样一个时期，那时的温度极高，以至于光子彼此之间的碰撞能够从纯能量中产生出物质粒子。我们将发现，在最初几分钟，通过这种方式从纯能量中产生的粒子，在确定各种核反应速度和宇宙本身的膨胀速度方面，与辐射起着同样重要的作用。因此，为了追踪早期的事态发展，我们需要了解宇宙到底得有多么炽热才能从辐射能量中产生大量物质粒子，以及因此而产生的粒子数量。

根据光的量子描述，能最好地理解物质从辐射中产生的过程。辐射的两个量子或光子，有可能碰撞并消失，其所有的能量和动量会产生两个或多个物质粒子（实际上，我们是在当今高能核物理实验室间接观测到该过程的）。然而，爱因斯坦的狭义相对论告诉我们，即便是处于静止状态的物质粒子，也会产生某种“静止能量”，著名公式 $E=mc^2$ 就给出了这个能量（这里，c 代表光速。这是核反应所释放的能量来源，在核反应中，原子核的一部分质量会湮灭）。因此，如果发生正面碰撞时，两个光子要产生

两个 m 质量的物质粒子，那么，每个光子的能量都必须至少等于每个粒子的静止能量 mc^2。如果单个光子的能量大于 mc^2，反应仍会发生；多余的能量会提高物质粒子的速度。然而，如果光子能量小于 mc^2，那么，在碰撞过程中不会产生 m 质量的粒子，因为那时能量不足，无法产生甚至是这些特定粒子的质量。

显然，为了确定辐射在产生物质粒子过程中的有效性，我们必须得弄清在辐射场中单个光子的特征能量。针对我们当前的目的，可以通过一个简单的快速估算法进行预估：用辐射温度乘以统计力学的基本常数，即玻尔兹曼常数，即可得出光子的特征能量（路德维希·玻尔兹曼和美国的威拉德·吉布斯一起创建了现代统计力学。他于 1906 年自杀，据说部分原因是有许多反对声音从哲学角度质疑他的工作成果。但所有这些争议早已得到解决）。玻尔兹曼常数值为 0.000 086 17 电子伏 / 开。例如，在 3 000 K 的温度下，当宇宙成分刚刚开始变得透明时，每个光子的特征能量大约相当于 3 000 K 与玻尔兹曼常数的乘积，或大约为 0.26 电子伏（记住，一个电子伏指一个电子在通过一伏的电位差时所获得的能量。化学反应能量通常是每个原子一个电子伏的能量级；这就是为什么温度高于 3 000 K 的辐射能够使很大一部分电子并入原子的原因）。

我们已经看到，如果要在光子的碰撞中产生 m 质量的物质粒子，光子的特征能量至少应等于静止粒子的能量

mc^2。由于光子的特征能量是温度乘以玻尔兹曼常数得出的数值，那么，辐射温度应至少为静止能量 mc^2 除以玻尔兹曼常数得出的数值。也就是说，对于每种类型的物质粒子来说，都存在一个"阈值温度"，该温度值为静止能量 mc^2 除以玻尔兹曼常数得出的数值。在从辐射能量中创造出这种类型的粒子之前，必须达到这个"阈值温度"。

例如，人们已知最轻的质量粒子是电子 e^- 和正电子 e^+。正电子是电子的"反粒子"——也就是说，它的电荷相反（正电荷而非负电荷），但质量和自旋却相同。当一个正电子与一个电子发生碰撞时，电荷可相互抵消，这两个粒子的质量能量表现为纯辐射。当然，这正是为什么正电子在日常生活中如此罕见的原因——它们在找到电子并湮灭之前，存活的时间非常短（正电子是在 1932 年宇宙射线中发现的）。湮灭过程也可以逆行——两个有着足够能量的光子可以相互碰撞，产生一个电子 - 正电子对，光子的能量被转化成了电子和正电子质量。

如果发生正面碰撞时，两个光子要产生一个电子和一个正电子，每个光子的能量必须大于一个电子或一个正电子质量的"静止能量"mc^2。这一能量为 0.511 003 万电子伏。在阈值温度下，光子有很大的机会获得这个能量，为了找到这个阈值温度，我们可以用这一能量除以玻尔兹曼常数（0.000 086 17 电子伏 / 开），得出的阈值温度为 60 亿开尔文（6×10^9 K）。在任何温度更高的条件下，当光子相互碰撞时，电子和正电子会被自由地创造出来，因此它们存在的数量极大。

顺便说一句，我们推断出从辐射中创造出电子和正电子所需的阈值温度为 6×10^9 K，这一阈值温度比在当今宇宙中通常遇到的任何温度都高得多。即使太阳中心的温度也仅约为 1 500 万度。这就是为什么只要光线明亮时，我们就无法在空旷的空间中看到电子和正电子产生的原因。

类似的观点适用于各种类型的粒子。现代物理的一个基本规则就是，对于大自然界中存在的各种类型的粒子来说，都有一个相对应的“反粒子”，其质量和自旋完全相同，但电荷却相反。唯一的例外是，对于某些纯中性粒子来说，就像光子本身一样，可以认为它们自己就是自己的反粒子。粒子和反粒子之间的关系是互反的：正电子是电子的反粒子，而电子是正电子的反粒子。假设能量足够，在光子相互碰撞的过程中，永远都可能创造出任何类型的粒子 - 反粒子对。

反粒子的存在是根据量子力学原则和爱因斯坦狭义相对论直接得出的数学结果。1930 年，保罗・艾德里安・莫里斯・狄拉克首次从理论上推断出了反电子的存在。由于不想将一个未知的粒子引入他的理论，狄拉克将反电子视为当时唯一一个已知的带正电的粒子，即质子。1932 年，人们发现正电子，证实了量子理论，同时也说明质子并非电子的反粒子；它有自己的反粒子，即反质子。反质子是

20 世纪 50 年代在伯克利发现的。

次于电子和正电子的最轻的一种粒子类型是 μ 介子，或 μ^-，它是一种不稳定的重电子，其反粒子是 μ^+。正如电子和正电子那样，μ^- 和 μ^+ 电荷相反，但质量却相同，在光子相互碰撞过程中可以被创造出来。μ^- 和 μ^+ 的静止能量 mc^2 都等于 105.659 6 亿电子伏除以玻尔兹曼常数得出的数值，相应的阈值温度为 1.2 万亿开尔文（1.2×10^{12} K）。其他粒子相应的阈值温度可参见书后所列附表 1.1。通过查看该表，我们可以弄清哪些粒子曾经在宇宙史的不同时期大量存在过，它们是那些阈值温度低于当时宇宙温度的粒子。

到底有多少这样的物质粒子真正存在于阈值温度之上？在早期宇宙高温和高密度为主导的条件下，粒子数量受热平衡的基本条件控制：应确保粒子达到一定的巨大数量，使每秒被摧毁的粒子数量恰好等于每秒被创造的粒子数量（即供等于求）。任何一对特定的粒子 - 反粒子湮灭成两个光子的速度，与任何一对具有相同能量的光子转变为粒子和反粒子的速度大致相同。因此，热平衡条件要求，阈值温度低于实际温度的每种类型的粒子数量应大致等于光子数量。如果粒子比光子少，那它们被创造的速度就比被摧毁的速度快，数量就会增加；如果粒子比光子多，那它们被摧毁的速度就比被创造的速度快，数量就会减少。例如，当温度比阈值温度高 60 亿度时，电子和正电子的数量应大致与光子的数量相同，可以认为，这时的宇宙主要是由光子、电子和正电子组成，而不仅仅是由光子组成。

然而，当温度高于阈值温度时，物质粒子的行为方式与光子极其相似。其平均能量大致等于温度乘以玻尔兹曼常数得出的数值，因此，当温度高于阈值温度时，其平均能量要比粒子质量中的能量大得多，质量可以忽略不计。在这样的条件下，某些特定类型的物质粒子所提供的压力和能量密度就与温度的四次方成正比，就像光子一样。因此，我们可以认为，在任何特定时期内，宇宙都是由各种类型的"辐射"组成的。在当时，对于阈值温度低于宇宙温度的每种类型的粒子来说，都有一种辐射。特别是，在任何时期，宇宙的能量密度都与温度的四次方以及当时阈值温度低于宇宙温度的粒子数量成正比。在这种情况下，温度极高，在热平衡状态下，粒子-反粒子对就如光子一般普遍，这种情况在当前宇宙中并不常见，除非有可能在正在爆炸的恒星中心出现。然而，我们对所掌握的统计力学知识很有信心，根据目前所掌握的知识，我们能够提出各种理论，说明在这样的异常条件下，早期宇宙到底发生了什么。

准确地说，我们应记住，要把像正电子（e^+）这样的反粒子看作一种不同的种类进行计算。另外，像光子和电子这样的粒子存在于两种不同的自旋状态中，也应作为不同的种类分别进行计算。最后，像电子（并非光子）这样的粒子遵循一种特殊规则——“泡利不相容原理”——禁止两个粒子处于同一种状态下；这个规则有效地降低了总能量密度的增加值，降低系数为 7/8（不相容原理还阻止了原子中的所有电子降入同一个最低能量壳中；从而造成了元素周期表中所揭示的原子的复杂壳结构）。每种类型粒子的有效种类数量与阈值温度一起列于书后附表1.1 中。在某种特定的温度下，宇宙的能量密度与温度以及阈值温度低于宇宙温度的粒子的有效种类数量成正比。

现在，让我们探讨一下宇宙何时会处于这些高温条件下。宇宙的膨胀速度受引力场和宇宙成分外向动量之间的平衡支配。光子、电子和正电子等的总能量密度为早期宇宙的引力场提供了场源。我们已经看到，宇宙的能量密度主要受温度影响，因此，可以将宇宙温度视为一种计时器，当宇宙膨胀时，这个计时器不是滴答作响，而是不断冷却。更为准确地说，它可以显示宇宙的能量密度从一个数值降到另一个数值所需的时间与能量密度的平方根的倒数差成正比（参见书后数学注释 3）。但我们也已经看到，能量密度与温度的四次方以及阈值温度低于实际温度的粒子的种类数量成正比。因此，只要温度不超过任何“阈值”，那么，宇宙从一个温度冷却到另一个温度所需的时间就与这些温度的反平方差成正比。例如，如果开始时的温度是 1 亿度（大大低于电子的阈值温度），那从这个温度降到 1 000 万度需要 0.06 年（或 22 天），从这个温度降到

100 万度需要 6 年，再从这个温度降到 100 000 度又需要 600 年，以此类推。宇宙从 1 亿度冷却到 3 000 K（例如，降到宇宙成分恰好变得可为辐射穿透的程度）所需要的全部时间为 700 000 年（见图 4.1）。在这里写到“年”时，我是指某个数量的绝对时间单位，比如说，在氢原子中，电子绕原子核轨道旋转所需要的时间期限。我们在这里讨论的是地球开始围绕太阳旋转之前很久的年代。

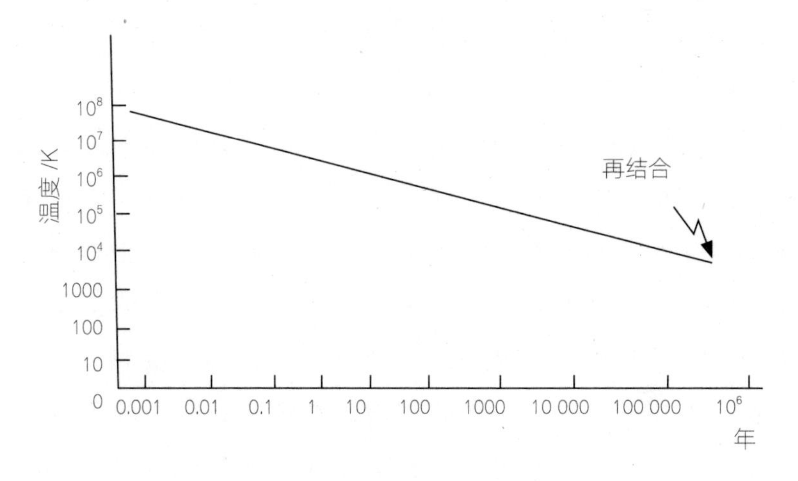

图 4.1　以辐射为主导的时代

从核合成刚刚结束到核和电子重新结合成原子这一时期，宇宙温度是作为时间函数来表示的。

如果在最初几分钟，宇宙的确是由数量完全相同的粒子和反粒子组成的，当温度降到低于 10 亿度时，它们全部都会湮灭，除辐射之外，无一残留。有很好的证据能够排除这种可能性——我们现在还在这儿呢！电子一定比正电子多，质子一定比反质子多，中子一定比反中子多，只有这样，在粒子和反粒子湮灭之后，才会有东西残留下来进而形成当前的宇宙物质。关于这一点，我在本章中一直有意忽略这些数量相对较小的残留物质。如果我们只是想计算能量密度或早期宇宙的膨胀速度，那这是一个很好的近似；在第 3 章中我们已经看到，在宇宙冷却到大约 4 000 K 之前，核粒子的能量密度是无法与辐射的能量密度相比的。然而，残留电子和核粒子的数量虽然小，但仍值得我们关注，因为它们不但是当今宇宙的主要组成成分，更是我和读者主要关心的问题。

只要我们承认，在最初三分钟，物质数量有可能比反物质数量多，我们就等于提出了这样一个问题，即确定早期宇宙的组成成分的详细清单。劳伦斯伯克利实验室每六个月发表一份清单，上面列有几乎成百上千个所谓的基本粒子。我们需要确定这些粒子中每类粒子的数量吗？为什么停在基本粒子上——我们还需要确定不同类型的原子、分子、盐和胡椒的数量吗？如果这样，我们或许完全可以断定，宇宙太复杂，太反复无常，不值得我们去了解。

幸运的是，宇宙并非如此复杂。为了弄清如何才能为其成分开出一个配方，我们需要进一步思考热平衡状态的含义。我反复强调，宇宙已经经过热平衡状态的重要性——正因如此，我们才能够有把握确定在任何特定时间的宇宙成分。到目前为止，本章所讨论的实际上是关于处于热平衡状态的物质和辐射已知特性的一系列应用问题。

当碰撞或其他过程使一个物理系统进入热平衡状态时，总有一些数量值不会发生变化。其中一个“守恒量”是总能量；尽管碰撞有可能使能量从一个粒子转移到另一个粒子，但参与碰撞的粒子的总能量永远都不会发生变化。对于每个类似的守恒定律来说，在能够找出处于热平衡状态的系统的特性之前，需要确定一个量——显然，如果当系统接近热平衡状态时，某个量没有发生变化，则无法根据热平衡状态推断出其数值，而且必须提前将它确定下来。对于处于热平衡状态的系统来说，真正不寻常的事情是，一旦我们确定了守恒量的数值，就相当于确定了系统的所有特性。宇宙已经经过了热平衡状态，因此，如果想要为早期宇宙成分开出一个完整的配方，我们就需要确定当宇宙膨胀时，守恒的物理量是多少，以及这些量的数值又是多少。

通常情况下，我们用确定温度来代替确定处于热平衡状态的系统的总能量。迄今为止，我们考虑最多的一类系统完全是由辐射和数量相同的粒子与反粒子组成的。对它来说，温度是计算该系统热平衡特性时所需提供的唯一信息。但通常来说，除能量外，还有其他守恒量，而且有必要明确每种守恒量的密度。

例如，放在室温中的一杯水，连续发生反应，一个水分子分裂成一个氢离子（一种裸质子，被剥去了电子的氢核）和一个羟离子（捆绑在氢原子上的一个氧原子，它多带一个电子），或氢离子和羟离子重新结合成水分子。需要注意的是，在每次反应时，一个水分子的消失总是伴有一个氢离子的出现，反之亦然，而氢离子和羟离子总是同时出现或消失。因此，守恒量是水分子加上氢离子的总数，氢离子减去羟离子的数量（当然，还有其他的守恒量，如水分子加上羟离子的总数，但这些仅仅是两个基本守恒量的简单结合）。如果我们规定温度为 300 K（开氏温标下的室温），水分子加上氢离子的密度为每立方厘米 3.3×10^{22} 个分子或离子（大致相当于海平面压力下的水），氢离子的密度减去羟离子为零（相当于零净电荷），那么，我们就能完全确定这杯水的特性了。例如，事实证明，在这样的情况下，大约每 5 亿个水分子中才有一个氢离子。需要注意的是，我们不需要在这杯水的配方中规定这些东西；我们可以根据热平衡规则推断出氢离子的比例。另一方面，我们无法根据热平衡状态推断出守恒量的密度。例如，通过升高或降低压力，可以使水分子加上氢离子的密度稍大或稍小于每立方厘米 3.3×10^{22} 个——因此，为了了解杯子中的组成成分，需要确定守恒量的密度。

这个例子还有助于理解我们所说的“守恒量”是如何变化的。例如，如果水温像恒星内部一样达到数百万度，那么，分子或离子就很容易分解，组分原子就很容易失去其电子。到那时，守恒量就是指电子数量及氧核和氢核数量。在这种情况下，我们可以根据统计力学规则，计算出水分子加上羟离子的密度，而不是提前予以确定；当然，事实证明，该数值的确非常小（滚雪球似地增加毕竟罕见）。实际上，在这种情况下，的确会发生核反应，因此，就连每个种类的核数量也不是绝对固定的，但这些数量变化得非常缓慢，以至于可以认为，恒星是从一种平衡状态到另一种平衡状态逐渐演化的。

最后，在早期宇宙的几十亿度的温度下，甚至是原子核也会随时分解成其组成成分，即质子和中子。反应发生的速度非常快，以至于物质和反物质能够轻易地从纯能量中创造出来，或者再次湮灭回去。在这些情况下，守恒量并非指任何具体种类的粒子数量。相反，相关守恒定律减少到少数可适用于各种可能情况的那些定律（据我们所知）。我们相信，在我们的早期宇宙配方中必须确定的密度守恒量只有 3 种：

（1）电荷。我们可以使用相等或相反的电荷创造或摧毁粒子对，但净电荷永远不会发生变化（相对于其他守恒定律，我们对于这个守恒定律有更大的把握，因为如果电荷不守恒，公认的麦克斯韦电与磁性理论就失去了意义）。

（2）重子数。“重子”是一个包含范围很广的术语，包括核粒子、质子和中子，还有稍重且不稳定的粒子，即超子。重子和反重子可以成对地被创造或摧毁；重子可衰变成其他重子，正如在放射核的“β 衰变”中，中子可变成质子；反之亦然。然而，重子总数减去反重子（反质子、反中子、反超子）数量的差却永远不变。因此，我们把“重子数”+1 归因为质子、中子和超子，而把“重子数”−1 归因为相应的反粒子；这样得出的规则是总重子数永远不变。重子数似乎不像电荷那样具有任何动力学意义；据我们所知，没有任何东西像重子数所产生的电场或磁场那样。重子数是一种记录器——其意义完全在于它是守恒的。

（3）轻子数。“轻子”是较轻的带负电的粒子，包括电子和 μ 介子，还有一种不带电、质量为零、被称为中微子的粒子，以及它们的反粒子，即正电子、反 μ 介子和反中微子。尽管中微子和反中微子的质量和电荷都为零，但它们并不比光子更虚无；它们像其他粒子一样携带能量和动量。轻子数量守恒是另一种记录性的规则——轻子总数减去反轻子总数的差值永远都不会变（1962 年，对中微子束的实验说明，的确存在至少两种类型的中微子，即“电子型”和“μ 介子型”，除此之外，实验还说明了两种类型的轻子数：电子轻子数是电子加上电子型中微子的总数，再减去其反粒子数，而 μ 介子轻子数是 μ 介子加上 μ 介子型中微子的总数，再减去其反粒子数。二者似乎都绝对守恒，但人们对此并无绝对把握）。

说明这些规则运行的一个很好的例子是，一个中子 n 放射性衰变成一个质子 p、一个电子 e^- 和一个（电子型）反中子 $\bar{v}e$。各个粒子的电荷、重子数和轻子数的数值如下：

	n → p + e^- + $\bar{v}e$			
电荷	0	1	−1	0
重子数	+1	+1	0	0
轻子数	0	0	+1	−1

读者很容易就能发现，最后状态的粒子的任何守恒量的数值总和都等于初始中子的相同数量的数值。这就是我们所说的这些数量守恒。守恒定律并非空谈，它告诉我们，许多反应实际上不会发生，如禁止衰变过程，在这个过程中，一个中子衰变成一个质子、一个电子和一个以上的反中微子。

为了完成任何特定时间的宇宙成分配方，必须确定每单位体积的电荷、重子数和轻子数，以及当时的温度。守恒定律告诉我们，在任何随宇宙而膨胀的体积内，这些数量的数值都保持不变。因此，每单位体积的电荷、重子数和轻子数仅随宇宙尺度的反立方而变化。但每单位体积的光子数也随宇宙尺度的反立方而变化（我们在第 3 章已经看到，每单位体积的光子数与温度的立方成正比，而正如在本章开头所讨论的那样，温度随宇宙尺度的倒数而变化）。因此，每个光子对应的电荷、重子数和轻子数都是固定不变的，通过确定作为它们与光子数之间比率的守恒量的数值，彻底得出我们的配方。

严格地说，随宇宙尺度的反立方而变化的数量不是每单位体积的光子数，而是每单位体积的熵。熵是统计力学的基本量，与一个物理系统的无序度有关。除了是一个常规的数值因数外，熵可以通过处于热平衡状态中的所有粒子，包括物质粒子和光子，按书后附表 1.1 所示的不同种类粒子给定的权重加权总数，得到足够的近似值。真正能够用来表示我们宇宙的常数是电荷与熵的比率、重子数与熵的比率及轻子数与熵的比率。然而，即使是在极高温条件下，物质粒子数至多也是与光子数为同一数量级，因此，如果我们使用光子数而非熵来作为比较标准，是不会犯严重错误的。

人们很容易就能预估每个光子所对应的宇宙电荷。据我们所知，电荷的平均密度在整个宇宙中为零。如果地球和太阳的正电荷多于负电荷（反之亦然）的数量只有一万亿亿亿亿分之一（10^{-36}），那么二者之间的电斥力就会大于其引力。如果宇宙是有穷的、封闭的，我们甚至可以将这个观测结果提升到定理的高度：宇宙的净电荷一定为零，因为如果不是这样，电力线就会一圈圈地缠绕着宇宙，形成一个无穷的电场。但无论宇宙是开放的还是封闭的，都可万无一失地说，每个光子的宇宙电荷都可以忽略不计。

我们也很容易预估每个光子的重子数。唯一稳定的重子是核粒子，包括质子和中子以及它们的反粒子，即反质子和反中子（自由中子实际上是不稳定的，其平均寿命为 15.3 分钟，但核力量使中子在普通物质的原子核中处于绝对稳定的状态）。另外，据我们所知，在宇宙中没有数量可观的反物质（此处不再赘述）。因此，当前宇宙的任何一部分的重子数，实质上都等于核粒子数。我们在第 3 章已经看到，目前在宇宙微波背景辐射中，每 10 亿个光子就有一个核粒子（精确数字尚未确定），因此，每个光子的重子数约为十亿分之一（10^{-9}）。

这的确是一个了不起的结论。为了了解它的意义，让我们思考一下过去的一段时期，当时，温度高于 10 万亿开尔文（10^{13} K），在这期间，中子和光子达到阈值温度。宇宙包含大量核粒子和反粒子，数量之多与光子不相上下。但重子数指核粒子数和反粒子数之间的差值。如果这个差值比光子数小约 10 亿倍，从而比核粒子总数小约 10 亿倍，那么，核粒子数则仅比反粒子数多十亿分之一。从这个观点看，当宇宙冷却，温度低于核粒子的阈值温度时，反粒子与相应的粒子会全部湮灭，残留下来的是稍稍多出反粒子的那部分粒子，而这部分粒子就是我们最终所了解的世界。

宇宙学中出现小到十亿分之一的纯数量让不少理论家假设，这一数字实际为零，也就是说，宇宙实际上包括数量相等的物质和反物质。这样的话，如果我们想要解释每光子的重子数似乎是十亿分之一，就得假设，在宇宙温度降低小于核粒子的阈值温度之前的某段时期，宇宙曾分为不同的领域，某些领域的物质稍稍超过反物质（十亿分之几），而某些领域的反物质则稍稍超过物质。在温度降低，若干粒子-反粒子对湮灭之后，宇宙中残留的领域包括纯物质领域和纯反物质领域。这种观点的问题是，没有人在宇宙的任何地方发现数量可观的反物质。据知，在进入地球大气层上方的宇宙线中，有部分来自我们星系的遥远地方，也有部分有可能来自我们的星系之外。宇宙线中占绝对优势的是物质，而非反物质。实际上，到目前为止，还没有人在宇宙线中发现反质子或反核子。另外，我们也没有在宇宙规模内观测到在物质和反物质湮灭过程中应该产生的光子。

另一种可能性是，光子密度（或更确切地说，熵密度）与宇宙尺度的反立方不成正比。如果出现了某种热平衡的偏离，出现了某种摩擦或黏滞性，能够使宇宙温度升高，产生多余光子，就有可能发生这种情况。在这种情况下，每个光子的重子数就有可能从某个适当的值开始（或许是1左右），然后随着更多光子的产生，下降到其当前的低值。问题是，迄今为止，还没有人能够提出任何具体地能够产生多余光子的机制。几年前，我曾试图找出一个，但却没有成功。

接下来，我将省略所有这些“非标准”的可能性，仅仅假设每个光子的重子数似乎就是看起来的那样：约为十亿分之一。

宇宙的轻子数密度又如何呢？宇宙没有电荷这一事实直接告诉我们，现在，每个带正电的质子恰好有一个带负电的电子。当前宇宙中，约 87% 的核粒子是质子，因此，电子数接近核粒子总数。如果电子是当前宇宙中的唯一一种轻子，我们便可直接得出结论，每个光子的轻子数大致等于每个光子的重子数。

然而，除了携带着非零轻子数的电子和正电子外，还有另一种稳定的粒子。中微子及其反粒子，即反中微子，它是一种不带电、质量为零的粒子，就像光子一样，但轻子数分别为 +1 和 −1。因此，为了确定当前宇宙中的轻子数密度，我们必须了解中微子和反中微子的总数。

遗憾的是，获得这方面的信息极其困难。中微子像电子的地方，是它不受使质子和中子保持在原子核内强大的核力量的影响（有时我会使用“中微子”指中微子和反中微子）。然而，与电子不同的是，它不带电，因此，它也不受使电子保持在原子内电力或磁力的影响。实际上，中微子对任何类型的力量都不会产生剧烈的反应。像宇宙中的其他东西那样，它们会对引力产生反应，也会受弱力的影响，这些弱力能够产生放射过程，如之前提到的中子衰变，但这些力量与普通物质产生的相互作用非常微弱。经常用来说明中微子的相互作用是如何微弱的一个例子是，如果需要一个相当大的机会拦截或散射任何在某些放射性过程中产生的特定中微子，我们必须在其路径上放置几光年长的导线。太阳连续不断地放射中微子，中微子是当光子在太阳中心的核反应中转变成中子时产生的；当太阳在地球的另一面时，在白天，这些中微子对着我们向下照射，而在晚上，它们对着我们向上照射，因为对它们来说，地球是完全透明的。在人们发现中微子之前的很长一段时间内，沃尔夫冈·泡利假设，中微子是解释如中子衰变过程中的能量平衡的一种方式。自20世纪50年代末期以来，人们在核反应堆或粒子加速器中制造大量中微子，使几百个中微子停留在探测设备中，只有通过这种方式，才有可能直接检测中微子或反中微子。

这种相互作用极其微弱，这就是为什么数量如此巨大的中微子和反中微子充斥在我们周围的宇宙中，但我们却对它们的存在毫无线索的原因。也许应该对中微子和反中微子的数量设定一些上限：如果这些粒子数量过大，那么，某些微弱的核衰变过程就会受到轻微影响，另外，宇宙膨胀的减速度比所观测到的减速度更快。然而，这些上限并不排斥这种可能性，即中微子和/或反中微子的数量与光子数量相差无几，且能量相似。

尽管提出了上述观点，宇宙学家仍通常假设每个光子的轻子数（电子、μ介子和中微子数减去其相对应的反粒子数）非常小，比1还小得多。这纯粹是根据类比得出的——既然每个光子的重子数非常小，为什么每个光子的轻子数就不能也非常小呢？这是在探讨“标准模型”时，最没有把握的假设之一，但幸运的是，即使这是错误的，我们得出的基本观点也仅仅是在细节上发生变化而已。

当然，在电子的阈值温度之上，有若干轻子和反轻子——电子和正电子的数量与光子数量相差无几。另外，在这些情况下，宇宙温度非常高，密度非常大，即使是幽灵似的中微子达到热平衡状态，中微子和反中微子的数量也与光子的数量相差无几。在标准模型中提出的这个假设是，轻子数，即轻子数和反轻子数的差值，无论是现在还是过去，都要比光子数小得多。轻子有可能稍稍多于反轻子，就像之前所述的重子稍稍多于反重子一样，而这部分多出来的轻子一直存活至今。另外，中微子和反中微子的相互作用非常微弱，所以大量中微子和反中微子有可能逃脱湮灭的命运，在这种情况下，中微子和反中微子的数量应大致相等，可与光子数量相比。在第 5 章中将会看到，人们的确是这样认为的，但在可预见的未来，似乎根本不可能在我们周围观测到数量巨大的中微子和反中微子。

简而言之，这是我们的早期宇宙成分配方。每个光子的电荷等于零，每个光子的重子数等于 10^{-9}，每个光子的轻子数不详，但可以确定的是，数量不大。在任何特定时间的温度都高于当前背景辐射的温度 3 K，高出的温度等于当前宇宙尺度与当时宇宙尺度之间的比率。经过充分搅拌后，使各种类型的粒子的详细分布符合热平衡的要求。将它置于一个正在膨胀的宇宙中，膨胀率受这一介质所产生的引力场影响。等待足够长的时间后，这个结果就会变成我们当前的宇宙。

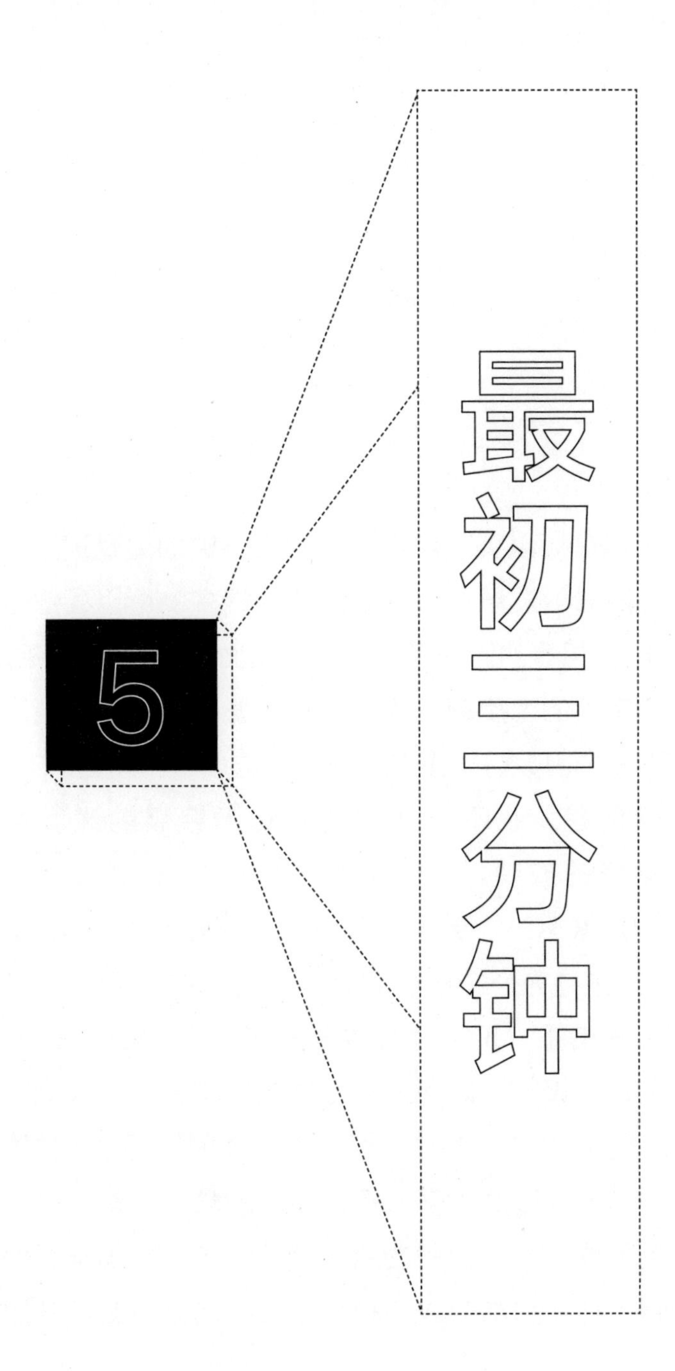

5 最初三分钟

我们现在可以关注宇宙在最初三分钟的演变过程了。事件在开始时的发展变化比后来要快得多，所以，像普通电影那样，以相等的时间间隔来显示画面是没有用的。相反，我将根据宇宙的温度的下降，来调整影片的速度，当温度下降大约 3 个因数时，停下摄像机，选取一个画面。

遗憾的是，我不能从零时间和无穷高的温度条件下开始电影的放映。当阈值温度高于 15 000 亿开尔文（1.5×10^{12} K）时，宇宙中会包含大量被称为 π 介子的粒子，其重量约为一个核粒子的 1/7（参见书后附表 1.1）。与电子、正电子、μ 介子和中微子不一样的是，π 介子之间以及它与核粒子之间的相互作用非常强——实际上，正是 π 介子在核粒子当中连续交换，才能够使原子核聚集在一起。这种能够产生强烈相互作用的粒子大量存在，使在超高温条件下计算物质性能变得超乎寻常的困难，为了避免遇到这种特别难的数学题目，我在本章中会从开始后的大约 0.01 秒开始进行讲述，那时，温度已经冷却到仅有 1 000 亿开尔文，完全低于 π 介子、μ 介子和所有较重粒子的阈值温度。

在第 7 章中，我会简单讨论一下理论物理学家认为的在更接近最初那段时间的时期里有可能会发生的事情。

在对这些有了一定了解后，我们现在要开始播放影片了。

（1）第一个画面

宇宙温度为 1 000 亿开尔文（10^{11} K），描述此时的宇宙，比将来任何时间描述的宇宙要简单得多、容易得多。宇宙中充斥着一种无差别物质和辐射场，其中的每个粒子都与其他粒子迅速地发生碰撞。因此，尽管它的膨胀速度非常快，但宇宙仍处于一种接近完美的热平衡状态。因此，宇宙成分是由统计力学的规则确定的，它们与第一个画面之前所发生的任何事情都毫无关系。我们所需要了解的是，温度为 10^{11} K，守恒量——电荷、重子数、轻子数——都非常小，或者为零。

数量丰富的粒子是指那些阈值温度低于 10^{11} K 的粒子；包括电子及其反粒子、正电子，当然还包括那些质量为零的粒子，如光子、中微子和反中微子（可参见书后附表 1.1）。宇宙密度非常大，以至于连中微子都能够在铅块中穿行数年而不被驱散，并且能够通过与电子、正电子和光子之间的迅速碰撞，以及它们彼此之间的迅速碰撞来保持热平衡状态（另外，当我说中微子和反中微子时，有时会简称为“中微子”）。

另一个非常简单的地方是——10^{11} K 的温度，要远高于电子和正电子的阈值温度。因此，这些粒子、光子和中微子的运行方式就像若干不同种类的辐射一样。那么，这些不同种类的辐射的能量密度是多少呢？根据书后附表 1.1 所示，电子和正电子提供的总能量为光子的 7/4，中微子和反中微子提供的能量与电子和正电子提供的能量相等。因此，在该温度条件下，总能量密度大于纯电磁辐射的能量密度，其系数为：

$$\frac{7}{4}+\frac{7}{4}+1=\frac{9}{2}$$

斯蒂芬-玻尔兹曼定律（参见第 3 章）给出了在 10^{11} K 温度条件下的电磁辐射的能量密度，即 4.72×10^{44} 电子伏 / 升，因此，在该温度条件下，宇宙的总能量密度为 9/2，或 21×10^{44} 电子伏 / 升。该能量密度相当于 38 亿千克 / 升的质量密度，或在正常地球条件下，水密度的 38 亿倍（当我说一个特定能量相当于一个特定质量时，当然是说，这是在质量被完全转换成能量的情况下，根据爱因斯坦公式 $E=mc^2$ 得出的能量释放量）。如果珠穆朗玛峰是由这一密度的物质组成的，那它的引力能摧毁整个地球。

第一个画面中的宇宙正在迅速膨胀，不断冷却。其膨胀率由下述条件决定，即宇宙的每一点都恰好以逃逸速度远离任意中心。在第一个画面中，密度非常大，逃逸速度也相应地变大——宇宙膨胀的特征时间约为 0.02 秒（参见书后数学注释 3，“膨胀特征时间”大致为宇宙规模扩大 1% 所需时间长度的 100 倍。更准确地说，任何时期的膨胀特征时间都是那个时期哈勃“常数”的倒数。正如第 2 章所述，宇宙的年龄永远小于膨胀特征时间，因为引力使膨胀速度不断减慢）。

在第一个画面中有少量核粒子，大约每 10 亿个光子或电子或中微子对应一个质子和中子。为了最终能够预测在早期宇宙中形成的化学元素的丰度，我们还需知道质子和中子的相对比例。中子比质子稍重，二者之间的质量差相当于 129.3 万电子伏的能量。然而，在 10^{11} K 的温度条件下，电子、正电子等的特征能量要大得多，约为 1 000 万电子伏（玻尔兹曼常数乘以温度）。因此，中子或质子与数量大得多的电子、正电子等发生碰撞，会使质子迅速转化成中子；反之亦然。其中，最重要的反应是：

反中微子加质子产生正电子加中子（反之亦然）；

中微子加中子产生电子加质子（反之亦然）。

如果我们假设，净轻子数和每个光子电荷非常小，那中微子和反中微子数量相差无几，正电子和电子数量也相差无几，因此，质子转化成中子的转化速度与中子转化成质子的转化速度也相差无几（在这里，中子的放射性衰变可以忽略不计，因为衰变过程大约需要 15 分钟，而我们现在正在研究的时间范围是 0.01 秒）。因此，平衡要求在第一个画面中的质子数和中子数大致相等。这些核粒子还没有集结成核；彻底分裂一个典型核所需的能量仅为每核粒子 600 万 ~ 800 万电子伏，这比 10^{11} K 温度下的热特征能量小，因此，复杂核的摧毁速度要比形成速度快。

通常，人们会问宇宙在最早的时候有多大。遗憾的是，我们对此并不知情，甚至不能确定这个问题是否有意义。正如在第 2 章中指出的那样，宇宙现在很有可能是无穷的，在这种情况下，宇宙在第一个画面中也应该是无穷的，并且会永远无穷下去。另一方面，宇宙现在有可能有一个有穷的周长，有时人们预估这个周长约为 1 250 亿光年（这个周长是一个人沿直线旅行,又重新返回起点所需的距离。这个预估值是根据哈勃常数的现值确定的，根据我们提出的假设，宇宙密度约为其“临界”值的两倍）。由于宇宙温度的降低与宇宙规模成反比，因此，在第一个画面中，宇宙的周长小于当今宇宙的周长，缩小的比例为当时温度（10^{11} K）与当前温度（3 K）之间的比率；这样得出的在第一个画面中的宇宙周长约为 4 光年。在宇宙最初几分钟的演化情况中,没有一个细节依赖于宇宙周长是否为无穷，或仅为几光年。

（2）第二个画面

宇宙温度为 300 亿开尔文（3×10^{10} K）。自第一个画面以来，0.11 秒已悄然逝去。从质上讲，没有发生任何变化——宇宙主要成分仍包括电子、正电子、中微子、反中微子和光子，它们均处于热平衡状态，远高于其阈值温度。因此，能量密度简单地按照温度的四次方下降，约为普通水静止质量所含能量密度的 3 000 万倍。膨胀速度根据温度的平方下降，因此，现在宇宙的膨胀特征时间已延长了大约 0.2 秒。少量核粒子仍未集结成核，但随着温度的降低，较重的中子转化成较轻的质子要比较轻的质子转化成较重的中子容易得多。因此，核粒子平衡变成了 38% 的中子和 62% 的质子。

（3）第三个画面

宇宙温度为 100 亿开尔文（10^{10} K）。自第一个画面以来，1.09 秒已悄然逝去。大约在这时，不断减小的密度和不断降低的温度已经大大增加了中微子和反中微子的平均自由时间，它们开始像自由粒子那样运行，而不再与电子、正电子，或光子保持热平衡状态。从那时起，它们便不再在我们的故事中扮演任何积极的角色了，除非它们的能量会不断为宇宙的引力场提供场源。当中微子不再处于热平衡状态后，没有发生任何大的变化（在发生这个“去耦”前，典型中微子波长与温度成反比，由于温度的降低与宇宙规模成反比，中微子波长的增加则直接与宇宙规模成正比。中微子去耦后，它会自由地膨胀，但一般性红移的波长拉长仍会与宇宙规模成正比。顺便说一句，这说明，确定中微子去耦的准确瞬间并不十分重要，因为它取决于中微子相互作用理论的细节，而这些细节到目前还没有彻底解决）。

总能量密度比第一个画面时的总能量密度小，减小的数值为温度比率的四次方，现在它相当于水的质量密度的 38 万倍。宇宙的膨胀特征时间已相应地增加至大约 2 秒。现在的温度仅为电子和正电子阈值温度的两倍，因此，它们刚刚开始湮灭过程，被湮灭的速度比它们从辐射中被创造出来的速度要快得多。

此时，温度仍过高，中子和质子还未能集结成原子核，并保持相当长的时间。温度不断降低，这使质子-中子平衡转变为 24% 的中子和 76% 的质子。

（4）第四个画面

宇宙温度为 30 亿开尔文（3×10^9 K）。自第一个画面以来，13.82 秒已悄然逝去。这时的温度比电子和正电子的阈值温度低，因此，作为宇宙的主要组成成分，它们开始迅速消失。在其湮灭过程中所释放的能量已经使宇宙冷却的速度减缓，因此，从这个额外热量中得不到任何能量的中微子，温度比电子、正电子和光子低 8%。从那时起，当我们谈到宇宙温度时，实际上是指光子的温度。随着电子和正电子迅速消失，宇宙能量密度比它仅以温度的四次方降低时的能量密度多少要小一些。

由于这时的温度非常低，各种稳定的核，如氦（He-4）得以形成，但这不会立即发生。因为宇宙仍在迅速膨胀，只有在一系列迅速地双粒子反应中才能形成核。例如，一个光子和一个中子可以形成一个重氢核或氘，多余的能量和动量被光子带走。然后，氘核可以与一个质子或一个中子碰撞，形成一个轻同位素核，氦三（He-3），由两个质子和一个中子组成。或者，在碰撞过程中可以形成最重的氢同位素，即氚（H-3）。氚由一个质子和两个中子组成。最后，氦三能够与一个中子发生碰撞，氚能够与一个质子发生碰撞，在这两种情况下都会形成一个寻常氦核（He-4）。这个寻常氦核由两个质子和两个中子组成。但为了确保能发生这一反应链，又需要从第一步，即氘的生成开始。

这时，寻常氦是一种结合牢固的核，正如我曾说过的，它的确能够在第三个画面的温度条件下结合在一起。然而，氚和氦三的结合要松散得多，特别是氘（将氘核分裂开来的能量，仅为将单个核粒子从氦核中分离出来所需能量的1/9）。在第四个画面中，温度为 3×10^{9} K，在这样的温度条件下，氘核一经形成，便会爆炸，因此，无法形成稍重的核。中子仍在被转化成质子，尽管转化速度比以前要慢得多，现在的平衡为 17% 的中子和 83% 的质子。

（5）第五个画面

宇宙温度为 10 亿开尔文（10^{9} K），仅比太阳中心的温度高大约 70 倍。自第一个画面以来，3 分 02 秒已悄然逝去。大部分电子和正电子已消失，这时的宇宙主要组成成分包括质子、中微子和反中微子。在电子 - 正电子湮灭过程中所释放的能量，使光子的温度比中微子的温度要高大约 35%。

这时，宇宙温度已经非常低，以至于能使氘、氦三和寻常氦核结合在一起，但“氘瓶颈”仍在发生作用：氘核结合的时间不够长，无法形成数量可观的较重的核。这时，中子和质子与电子、中微子及其反粒子发生的碰撞已基本停止，但自由中子的衰变开始变得重要起来；每隔 100 秒，剩余中子中就有 10% 会衰变成质子。这时，中子-质子平衡为 14% 的中子，86% 的质子。

稍后。在第五个画面后不久的某个时间，发生了一个剧烈事件：温度不断降低，直到氘核能结合在一起。一旦通过了“氘瓶颈”，通过第四个画面所述的双粒子连锁反应，能够迅速形成较重的核。然而，由于其他瓶颈的缘故，在这一过程中没有大量形成比氦要重的核：没有包括 5 个或 8 个核粒子的稳定的核。因此，一旦达到可以形成氘的温度，那么，几乎所有的剩余中子都会被立即烹饪成氦核。使这一事件发生的准确温度，在很小的程度上取决于每个光子的核粒子数量，因为在粒子密度高的情况下，比较容易形成核（这也是我为什么要把这个时刻称为第五个画面“稍后”的原因，虽然这种称呼不甚准确）。如果每个核粒子包含 10 个光子，那么，核合成将在温度达到 9 亿开尔文（0.9×10^9 K）时开始。这时距离第一个画面已过去了 3 分 46 秒（请读者原谅我把这本书称为《最初三分钟》，虽然这种说法不甚准确，但它比《最初三又四分之三分钟》

要好听一些）。核合成之前，中子的衰变会使中子-质子平衡转变成13%的中子，87%的质子。核合成之后，氦质量的比率刚好等于结合成氦的所有核粒子的比率；其中一半是中子，基本而言，所有中子都能结合成氦，因此，氦质量的比率是核粒子中子比率的两倍，或约26%。如果核粒子的密度稍高一点，核合成开始得就会稍早一点，当没有那么多的中子发生衰变时，生成的氦就会稍多一些，但也不太可能超过28%的质量，如图5.1所示。

现在，已经到达并超过了我们的计划放映时间，但为了更好地说明已经完成的成果，让我们最后看一下温度再次降低后的宇宙。

（6）第六个画面

宇宙温度为3亿开尔文（3×10^{8} K）。自第一个画面以来，34分40秒已悄然逝去。除少量（10^{-9}）需要保持质子电荷平衡的多余电子外，电子和正电子都已完全湮灭。在湮灭过程中所释放的能量已使质子的温度比中微子的温度永远高40.1%（参见书后数学注释6）。这时，宇宙的能量密度相当于水的质量密度的9.9%，其中，31%表现为中微子和反中微子，69%表现为光子，该能量密度使宇宙的特征膨胀时间约为1小时15分。核进程已停止——这时，大多数核粒子已结合成氦核，或变成自由质子（氢核），按质量氦占22%～28%。虽然每个自由质子或结合质子都对应着一个电子，但宇宙温度仍然非常高，以至于稳定的

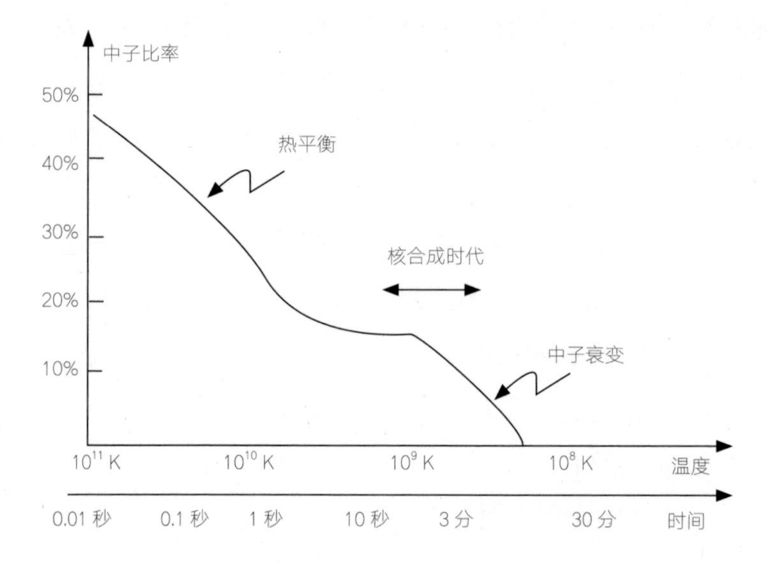

图 5.1　中子 - 质子平衡的变化

中子与所有核粒子的比率是作为温度和时间的函数显示的。曲线中标有“热平衡”的部分描述了在高密度和高温度下，所有粒子保持热平衡的时期；这里的中子比率可以根据中子 - 质子质量差，使用统计力学规则计算得出。曲线中标有“中子衰变”的部分描述了除自由中子的放射性衰变外，所有中子 - 质子转化过程都已停止的时期。曲线的中间部分由弱相互作用转变速度的详细计算结果决定。曲线的虚线部分说明了核在某种程度上无法形成时会出现的情况。实际上，用箭头标注的“核合成时代”的某个时期，中子迅速结合成氦核，中子 - 质子比率被冻结在当时的数值上。另外，本曲线还可用来预估宇宙学生成的氦的比率（按质量）：对温度或核合成时间的任意特定值来说，它刚好是当时中子比率的两倍。

核无法结合在一起。

宇宙将会继续膨胀、冷却，但在 700 000 年中将不会发生许多令人感兴趣的事情。那时，温度会降低，使电子和核能够形成稳定的原子；由于缺少自由电子，宇宙成分会变得可为辐射穿透；物质和辐射的去耦将会使物质开始形成星系和恒星。再过 100 亿年左右，生命体将开始重新建构这个故事。

从对早期宇宙的如此描述中可以得出一个结论，而我们可立即根据观测结果对这个结论进行检验：从最初三分钟残留下来的物质包含 22% ~ 28% 的氦，除此之外，其余大多数是静止的氢。恒星起初一定是由这些从最初三分钟残留下来的物质形成的。正如已经看到的那样，我们是在假设光子与核粒子之间的比率非常大的基础上得出这个结论的。而这一假设反过来是根据当今宇宙微波背景辐射测量得出的温度为 3 K 得出的。在彭齐亚斯和威尔逊发现微波背景辐射后不久，1965 年，P.J.E. 皮布尔斯在普林斯顿利用测量得出的辐射温度第一次进行宇宙学温度的计算。几乎在同一时间，罗伯特 · 瓦格纳、威廉姆 · 福勒和弗雷德 · 霍伊尔使用一种更为详尽的计算方式独立计算，也得出了类似的结果。对于标准模型而言，这个结果代表着巨大的成功，因为当时已经有人进行了大胆预测，认为太阳和其他恒星开始自己的生命时，其主要组成成分的确是氢，而氦占 20% ~ 30%。

当然，氦在地球上极少，这是因为氦原子太轻，化学惰性较大，大部分氦原子在很久之前便逃离地球了。我们可以根据以下内容来预估宇宙中的初生氦丰度：比较恒星演化的详细计算结果与所观测到的恒星特性的统计分析数量，直接观测在炽热恒星和星系物质光谱中的氦线。实际上，正如其名所示，J. 诺曼·洛克耶在 1868 年进行的太阳大气光谱研究中，第一次证明氦是一种元素。

20 世纪 60 年代初期，一些天文学家发现，星系中氦的丰度非常大，另外，它还不像较重元素的丰度那样，随地点而发生很大变化。当然，如果重元素是在恒星中生成的，那结果就可能如我们所预计的那样，但氦是在早期宇宙中生成的，那时，任何恒星都还没有开始被烹饪。虽然在预估核丰度时，仍存在大量不确定性和变量，但关于 20% ~ 30% 初生氦的证据却非常充分，足以给标准模型的支持者们以极大的鼓励。

除在最初三分钟即将结束时生成的大量氦外，还存在较轻的核的痕迹，主要是没有被结合成寻常氦核的氘（包含一个多余中子的氢）和轻氦同位素（He-3，瓦格纳、福勒和霍伊尔于 1967 年首次就其丰度进行了计算）。与氦的丰度不同的是，氘的丰度在很大程度上受核合成期间核粒子密度的影响：密度越大，核反应速度越快，几乎所有氘都会被烹饪成氦。更准确地说，这里是瓦格纳根据光子和核粒子比率的 3 个可能数值，给出的在早期宇宙中生成的氘的丰度数值，见表 5.1。

表 5.1　氘的丰度数值

光子 / 核粒子	氘的丰度（每百万分之……）
1 亿	0.000 08
10 亿	16
100 亿	600

显然，如果能够确定在恒星烹饪开始之前就存在的初生氘的丰度，那我们就能准确地确定光子 - 核粒子比率；已知当前的辐射温度为 3K，就能准确地确定当前宇宙的核质量密度，并判断宇宙是开放的还是封闭的。

遗憾的是，真正确定初生氘的丰度并非易事。在地球上，水所含的氘的质量丰度的典型值是百万分之一百五十（如果我们能够很好地控制热核反应，就可以使用氘为热核反应堆提供动力）。然而，这是一个有偏数字；氘原子的质量是氢原子质量的两倍，从一定程度上讲，这使氘原子更有可能结合成重水分子（HDO），这样的话，逃离地球引力场的氘就会比氢的比例少。另一方面，光谱学说明，太阳表面的氘的丰度非常低——小于百万分之四。这同样也是一个有偏数字——太阳外部区域的氘大多已被摧毁，与氢结合成为氦同位素，He-3。

1973 年，从"哥白尼"号人造地球卫星上进行的紫外线观测，使我们对于宇宙氘的丰度的了解有了一个更为坚实的基础。氘原子同氢原子一样，能够在某些不同的波长上吸收紫外线，相当于原子从低能状态被激发至高能状态的跃迁。这些波长在很小的程度上取决于原子核的质量，因此，一颗恒星的紫外光谱会与许多黑色吸收线交叉，每条线都分为两个组成部分：一部分来自氢，一部分来自氘。在紫外线光谱中，紫外线会穿过氢和氘的星际混合体到达我们。根据吸收线任何两个组成部分的相对黑暗程度，可立即得出星际云中氢和氘的相对丰度。遗憾的是，由于地球大气层存在的缘故，在地球上进行任何类型的紫外线天文观测都非常困难。“哥白尼”号卫星上携带着一个紫外线光谱仪，用来研究炽热恒星半人马座 β 光谱中的吸收线；根据其相对强度，我们发现位于我们和半人马座 β 之间的星际介质含有约百万分之二十（按质量）的氘。近期，在人们对其他炽热恒星光谱中的紫外吸收线所做的更多的观测中，也得出了类似的结论。

如果这百万分之二十的氘的确是在早期宇宙中被创造出来的，那每个核粒子一定曾经（现在）对应着约 11 亿个光子（见表 5.1）。在当今宇宙辐射温度 3 K 条件下，每升对应着 550 000 个光子，因此，现在每百万升一定对应着约 500 个核粒子。这个数字远远小于封闭宇宙的最小密度，正如我们在第 2 章中所看到的，封闭宇宙的最小密度约为每百万升 3 000 个核粒子。因此得出结论，宇宙是开放的；即星系正以高于逃逸速度的速度运行，宇宙将永远膨胀下去。如果某些星际介质曾经在意欲摧毁氘的恒星中（如在太阳中）受过处理，那么，宇宙生成的氘的丰度一定曾经大于在“哥白尼”号卫星上所发现的百万分之二十，因此，核粒子的密度一定小于每百万升 500 个粒子，这进一步证实了我们生活的宇宙是开放的，并且会永远膨胀下去。

我必须说，我个人认为这个论点非常缺乏说服力。氘不同于氦——即使其丰度看似大于相对密度较高的封闭宇宙，但从绝对意义上讲，氘仍是非常罕见的。我们可以认为，这么多的氘是在“近期”的天文物理现象——超新星、宇宙射线，甚至是类星体中生成的。但氦并不是这样；在没有释放我们还未观测到的大量辐射的情况下，20% ~ 30% 氦的丰度不可能在近期被创造出来。有人认为，在没有生成大量其他稀有轻元素：锂、铍和硼的情况下，任何传统天体物理机制都不可能生成在“哥白尼”号卫星上所发现的百万分之二十的氘。但我不知道如何才能确定氘的痕迹不是由某些人们还没有认识到的非宇宙机制生成的。

早期宇宙中还有另外一个残留物环绕在我们周围，但又仿佛不可能观测到。在第三个画面中我们已经看到，自宇宙温度降低到 100 亿开尔文以下以来，中微子的行为方式就像自由粒子一样。在此期间，中微子的波长不断伸长，伸长幅度与宇宙规模成正比；因此，中微子的数量和能量分布保持一致，正如它们处于热平衡状态，但其温度降低却与宇宙规模成反比。这恰好与在此期间光子发生的情况大致相同，尽管光子保持在热平衡状态的时间远比中子要长得多。因此，当前的中微子温度应大致等于当前的光子温度。因此，在宇宙中，每个核粒子大约对应着 10 亿个中微子和反中微子。

在这一点上做到更为精确是可能的。在宇宙变得可为中微子穿透后不久，电子和正电子开始湮灭，使光子而不是中微子的温度升高。结果，当前的中微子温度应稍低于当前的光子温度。人们很容易就能够通过计算方式得出，中微子的温度比光子的温度低一个 4/11 立方根的系数，或 71.38%；中微子和反中微子向宇宙提供的能量为光子的 45.42%（参见书后数学注释 6）。尽管我没有明确说明，但之前引用宇宙膨胀时间时，我都把多余的中微子能量密度考虑在内了。

关于早期宇宙标准模型最令人震惊的证据就是检测到了中微子背景。我们已经就其温度作出了明确的预测，认为其温度是光子温度的 71.38%，或仅约 2 K。在中微子的数量和能量分布中，唯一在现实中还无法确定的理论点是轻子数密度是否很小这一问题，正如我们一直以来所假设的那样（记住，轻子数是中微子和其他轻子数减去反中微子和其他反轻子数得出的数值）。如果轻子数密度像重子数密度一样小，那么中微子和反中微子数应彼此相等，为 10^{-9}。另一方面，如果轻子数密度比得上光子数密度，那就会出现“简并”，即中微子（或反中微子）过多，而反中微子（或中微子）却不足。这种“简并”会影响不断变化的中子-质子在最初三分钟内的平衡，从而改变在宇宙中生成的氦和氘的数量。对2 K宇宙中微子和反中微子背景的观测，会立即解决宇宙中是否存在大量轻子的问题，但更为重要的是，这会证明在早期宇宙中的确存在标准模型。

原来，中微子与普通物质的相互作用是如此微弱，以至于没有人能够想出任何方法来观测2 K宇宙中微子的背景。这的确是个让人非常焦虑的问题：每个核粒子对应着10亿个中微子和反中微子，但却没有人知道如何才能检测到它们！或许有朝一日，有人会知道。

在听我讲述最初三分钟的时候，读者也许会觉得，我在讲述科学问题时口气过于自信。读者这样想也许是对的。然而，我不认为只要永远保持开放的头脑就能一直推动科学前进。通常，我们需要忘记疑虑，不论我们的假设结果如何，接受它们——最重要的事情不是摆脱理论偏见，而是建立正确的理论偏见。对于任何理论看法的检验，都取决于其产生的结果。早期宇宙的标准模型已取得一定成功，它为将来的实验项目提供了一个清晰的理论框架。这并不意味着它是正确的，但这的确意味着它是值得我们认真对待的。

然而，有一个非常重大的不确定性就像一团乌云一样笼罩着标准模型。本章所描述的计算结果都是以宇宙学原理为基础的，该原理假设，宇宙是均匀的、各向同性的（“均匀”指对于所有被宇宙的普遍膨胀所携带着运动的观测者而言，无论身在何处，宇宙都是一样的；“各向同性”指对于这样一个观测者而言，宇宙在各个方向都是一样的）。根据直接观测结果，我们得出，宇宙微波背景辐射在我们周围具有极高的各向同性，根据此结论，我们可以推断出，自从辐射在大约 3 000 K 的温度上与物质失去平衡以来，宇宙一直具备非常高的各向同性和均匀性。但是，我们并无证据证明宇宙学原理同样适用于更早的时期。

起初，宇宙有可能既不均匀，又是各向异性的，但随后被膨胀宇宙的各个部分相互摩擦所产生的力磨平。马里兰大学的查尔斯・米斯纳非常推崇这样一种“混合大师”模型。甚至存在这样一种可能性，由于宇宙的摩擦均匀性和各向同性所产生的热，使光子和核粒子的当前比率巨大，达到 10^9 ：1。然而，据我所知，还没有人能够说明宇宙为何在起初有着各种具体程度的不均匀性和各向异性，也没有人能够说明如何计算它在磨平过程中产生的热。

我认为，对这些不确定性的正确反应，不是（像有些天文学家可能喜欢的那样）抛弃标准模型，而是要认真对待标准模型，并全面考虑其结果。迄今为止，我甚至还无法确定，起初的巨大各向异性和不均匀性是否会对本章所论述的观点产生重大影响。宇宙有可能在最初几秒就被磨平，在这种情况下，我们可以假设宇宙学原理一直有效，计算在宇宙中生成的氦和氘。即使宇宙的各向异性和不均匀性一直延续到氦合成时代以后，任何均匀膨胀着的团块中生成的氦和氘也仅仅依赖于团块内的膨胀速度，与在标准模型中计算得出的氦和氘可能不会有太大差别。甚至还存在这样一种可能性，当我们一直追溯到核合成时期所能看到的整个宇宙时，发现它仅仅是一个更大的不均匀的、各向异性的宇宙中的一个均匀的和各向同性的块。

当我们追溯宇宙的初始状态或展望宇宙的最终结局时，宇宙学原理中存在的不确定性就变得重要起来。在第 6 章和第 7 章中，我会一直使用这一原理。然而，我必须得承认，这个简单的宇宙学模型有可能只描述了宇宙的一小部分，或宇宙史的一段有限时期。

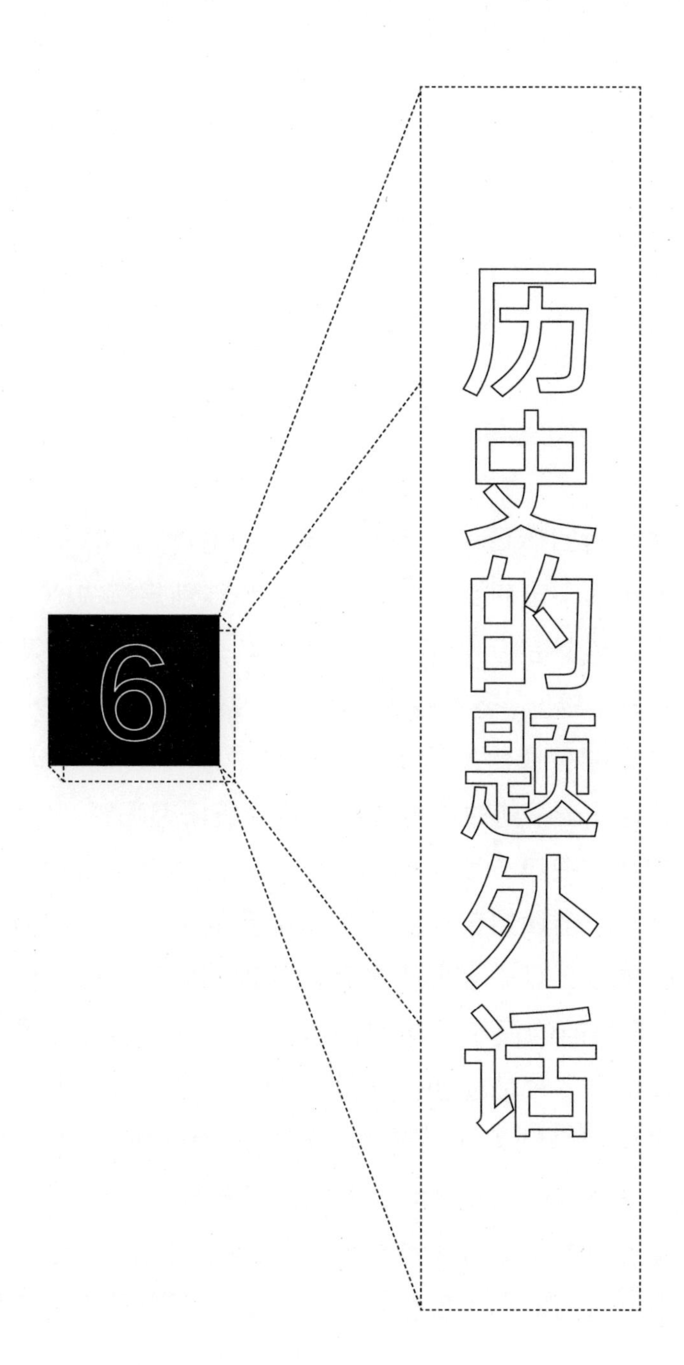

6 历史的题外话

让我们暂时搁置一下早期宇宙史的论述，先谈一谈过去三十多年的宇宙研究史。在这里，我特别想解决一个让我既困惑又着迷的历史问题。1965 年，人们成功探测出宇宙微波背景辐射，这是 20 世纪最重要的科学发现之一。它为什么只能被偶然发现呢？或换种说法，在 1965 年之前，人们为什么不能对这种辐射进行系统研究呢？

正如我们在第 5 章中所看到的，人们测量得出的背景辐射温度和宇宙质量密度的现值，使我们能够预估宇宙中轻元素的丰度，其丰度似乎与我们的观测结果高度一致。在 1965 年之前的很长一段时间里，人们不可能向后推算这一计算结果，预估宇宙微波背景辐射量值，并对此进行研究。根据观测结果，当前的宇宙丰度为 20% ~ 30% 氦和 70% ~ 80% 氢，人们可以据此进行推断，核合成一定是当核粒子的中子比例降到 10% ~ 15% 时开始的（记住，根据质量，当前的氦丰度恰好是核合成时期中子比例的两倍）。当宇宙温度达到约 10 亿开尔文（10^9K）时，中子比例达到该数值。核合成在此时开始，这种情况使我们能够粗略估计核粒子在 10^9K 温度下的密度，而我们可以根据已知的黑体辐射特性计算得出在该温度下的光子密度。此时，我们已知光子数和核粒子数的比率，但该比率是不变的，因此，当前也可以对它有同样清楚的了解。根据当前核粒子密度的观测结果，人们可以预估当前的光子密度，并推断出当前大致的温度范围为 1 ～ 10 K，存在宇宙微波背景辐射。如果科学史像宇宙史一样简单直接，有人就会在 20 世纪 40 年代或 50 年代沿这些思路作出预测，从而促使射电天文学家研究背景辐射，但事实并非完全如此。

实际上，在 1948 年，有人曾沿着这些思路作出过预测，但在当时以及后来的时间里都没有引起人们对于辐射研究的兴趣。在 20 世纪 40 年代末期，乔治・伽莫夫以及他的同事拉尔夫・A. 阿尔弗和罗伯特・赫尔曼正对一个"大爆炸"宇宙理论进行研究。他们假设宇宙开始时完全由中子组成，随后，通过人们熟悉的放射性衰变过程，中子开始转化为质子，在放射性衰变过程中，一个中子同时转变为一个光子、一个电子和一个反中微子。在膨胀过程中的某个时刻，温度会冷却到一定程度，通过连续地、迅速地捕获中子，使重元素在中子和质子中形成。阿尔弗和赫尔曼发现，为了解释氢元素的当前丰度，需假设光子与核粒子的比率为 10 亿数量级。随后，他们使用当前核粒子的宇宙密度预估值提出预测，从早期宇宙中残留下来的背景辐射的确存在，其当前温度为 5 K。

从各个细节来看，阿尔弗、赫尔曼和伽莫夫最初的计算都不正确。正如我们在第 5 章所看到的，宇宙开始时，中子数和质子数有可能相同，而不仅仅是中子。另外，中子转化为质子（反之亦然）主要是通过电子、正电子、中微子和反中微子之间的碰撞所发生，而不是通过中子的放射性衰变所发生。林忠四郎在 1950 年注意到了这些问题。到 1953 年，阿尔弗和赫尔曼（与小福林一起）修改了他们的模型，对不断变化的中子 - 质子平衡进行了正确的计算。实际上，这是人们在现代首次对宇宙早期历史进行全面的分析。

然而，在 1948 年或 1953 年，没有人着手预测微波背景辐射。实际上，在 1965 年之前的很长一段时间里，大多数天文物理学家都不知道，在“大爆炸”模型中，氢和氦的丰度要求在当前宇宙中存在一个宇宙背景辐射，而人们或许真的能够观测到这个宇宙背景辐射。在这里，令人惊讶的并不完全是天文物理学家普遍都不知道阿尔弗和赫尔曼的预测——一两篇论文通常会被淹没在浩瀚的科学海洋中。让人倍感困惑的是，在之后的十多年时间里，竟然没有其他人沿着这一思路继续进行推理。人们很容易获得所有相关的理论材料。直到 1964 年，俄罗斯的亚 · B. 泽利多维奇、英国的霍伊尔和 R.J. 泰勒和美国的皮布尔斯才再次开始对“大爆炸”模型中的核合成进行计算，他们的计算都是独立进行的。然而那时，彭齐亚斯和威尔逊已经在霍尔姆德尔开始了他们的观测，并且在没有受其他宇宙理论家影响的情况下发现了微波背景辐射。

另外，还有一点让人不解，有些人确实知道阿尔弗和赫尔曼所作的预测，但人们似乎对此并未给予足够重视。阿尔弗、福林和赫尔曼在他们1953年所撰写的论文中，将核合成这个问题留待“以后研究”，因此，他们并没有根据自己改进的模型重新计算微波背景辐射的预估温度(他们也没有提到其实在早些时候所作的预测中，曾经预估了背景辐射温度为5 K。他们的确曾在1953年美国物理学会的一次会议上作了一份关于某些核合成计算的报告，但后来这3人分别在不同的实验室工作，因此，这项工作最终也没有以书面形式完成）。若干年后，在发现微波背景辐射后，伽莫夫曾经给彭齐亚斯写过一封信，在信中他指出，他于1953年在《丹麦皇家学院论文集》中发表过一篇文章，在文章中曾预测背景辐射温度为7 K，这一数量级大致正确。然而，大体浏览一下这篇于1953年完成的论文，我们就会发现，伽莫夫是根据一个与宇宙年龄有关的、在数学上荒谬的论点，而不是根据他自己的宇宙核合成理论进行预测的。

也许会有人辩解说，在20世纪50—60年代初期，人们对于氢元素的宇宙丰度知之甚少，无法就背景辐射的温度得出确切的结论。这的确是事实，即使是现在，也无法真正确定宇宙的氦丰度为 20% ~ 30%。但重点是，在 1960 年之前的很长一段时间里，人们就认为，宇宙的大部分质量的表现形式为氢（例如，1956 年，汉斯·修斯和哈罗德·尤里进行了一项调查，指出根据质量测算，氢的丰度为 75%）。氢不是在恒星中生成的——它是恒星通过创造较重的元素，从中获得能量的初始燃料。这本身就足以说明，光子和核粒子的比率一定非常大，这样才能防止早期宇宙中的所有氢被烹饪成氦和较重的元素。

有人也许会问：从技术层面上讲，究竟是何时人们能够观测到 3 K 各向同性的背景辐射的？关于这个问题，其实很难给出一个准确的答案，但与我一起做实验的同事告诉我，在 1965 年之前的很长一段时间里，人们就可能做到了这一点，也许是在 20 世纪 50 年代中期，甚至是在 20 世纪 40 年代。1946 年，麻省理工学院辐射实验室的一个小组在罗伯特·迪克的领导下，确定了任何各向同性的地球外背景辐射的上限在 1.00 厘米、1.25 厘米和 1.50 厘米的波长上，等效温度小于 20 K。这个测量结果是大气吸收研究的一个副产品，并非观测宇宙学项目的一个组成部分。（实际上，迪克告诉我说，当他开始思考是否存在着宇宙微波背景辐射时，其实已经忘记了自己在差不多 20 年前就确定的 20 K 的背景温度上限！）

在我看来，精确确定 3 K 各向同性的微波背景辐射的发现时间，并没有非常重大的历史意义。重要的是，射电天文学家不知道他们应该试一试！相比之下，中微子的历史又是另一番景象了。当泡利在 1932 年首次提出中微子的假设时，我们可以确定的是，当时根本不可能在任何实验中观测到中微子。然而，对于物理学家来说，检测中微子一直是他们的一个挑战目标，在 20 世纪 50 年代可将核反应堆应用于这类目的时，他们就搜寻并发现了中微子。这一对比在反质子方面更为明显。自 1932 年在宇宙线中发现正电子后，理论家们普遍认为质子和电子都应有一个反粒子。在 20 世纪 30 年代，使用当时的早期回旋加速器是根本不可能产生反质子的，但物理学家们却一直在关注这个问题，到 20 世纪 50 年代，他们专门制造了一个加速器（伯克利的高能质子同步稳相加速器），这种加速器能够提供足够的能量，产生反粒子。在迪克和他的同事们于 1964 年着手检测宇宙微波背景辐射前，从未发生过类似情况。即便是当时，普林斯顿小组也没有注意到伽莫夫、阿尔弗和赫尔曼在十几年前所做的工作。

问题出在哪里呢？也许可以发现至少 3 个有趣的理由，解释人们为什么在 20 世纪 50 年代和 60 年代早期，普遍忽略 3 K 微波背景辐射研究的重要性。

首先，人们必须认识到，伽莫夫、阿尔弗、赫尔曼和福林等人当时正在做的工作是研究更为广泛的宇宙理论。他们所提出的“大爆炸”理论认为，所有的复杂核，不仅仅是氦，都应该是在早期宇宙中通过中子的迅速增加过程而形成的。然而，尽管这个理论准确地预测了某些重元素的丰度比率，但在解释为什么会存在重元素的时候，却遇到了麻烦！正如之前我们所提到的，没有包含 5 个或 8 个核粒子的稳定核，因此，通过向氦核（He-4）增加中子或质子，或通过熔合成对的氦核，是不可能产生比氦还要重的核的（首次记录这一障碍的人是恩里科·费密和安东尼·图尔凯维奇）。考虑到这一难度，就不难理解为什么理论家们甚至不愿意认真对待在这一理论中对氦的生成进行的计算了。

随着另一种理论的进展，即元素是在恒星中合成的，关于宇宙元素合成理论的理论基础也越来越站不住脚。E.E. 萨尔皮特在 1952 年指出，如果核包含 5 个或 8 个核粒子，那么核之间的空隙可在高密度的富氦恒星核中得到填补：两个氦核发生碰撞，产生一个不稳定的铍核（Be-8），在这样的高密度条件下，铍核有可能在衰变前与另一个氦核发生碰撞，产生一个稳定的碳核（C-12）（在宇宙核合成期间，宇宙密度过低，这个过程无法在此时发生）。1957 年，杰弗里、玛格丽特·伯比奇、富勒和霍伊尔发表了一篇著名的论文，指出在中子通量较强的时期，重元素能够在恒星中，特别是当恒星发生爆炸（如超新星）时形成。但即使是在 20 世纪 50 年代之前，许多天文物理学家也有一种强烈的倾向，认为除氢之外的所有元素都是在恒星中生成的。霍伊尔曾对我说，这也许是天文学家在 20 世纪最初的几十年里为了了解在恒星中生成的能量源所做的努力的结果。到 1940 年，汉斯・贝特和其他人已经明确指出，关键步骤是将 4 个氢核聚变成 1 个氦核，这一论述使人们对于恒星演化的了解在 20 世纪 40—50 年代得到了迅速提升。正如霍伊尔所说，对于许多天文物理学家来说，在取得这些胜利成果之后，如果还有人怀疑恒星是元素形成场地，那就有些执迷不悟了。

但是核合成的恒星理论也存在问题。人们很难弄清恒星是如何形成像 25% ~ 30% 氦的丰度之类的东西——实际上，在这个聚变过程中所释放的能量要远大于恒星耗尽一生所释放的。宇宙理论很巧妙地排除了这个能量——它仅仅是在普遍的红移中丢失了。1964 年，霍伊尔和 R.J. 泰勒指出，当前宇宙中巨大的氦丰度不可能在寻常恒星中产生，他们对在"大爆炸"早期阶段所生成的氦的数量进行了计算，得出按质量的丰度为 36%。奇怪的是，他们确定的核合成发生时的温度，是多少有些随意的——50 亿开尔文，尽管这个假设取决于当时一个未知参数的选择值，即光子与核粒子的比率。如果他们通过自己的计算结果，预估所观测到的氦丰度比率的话，就能预测当前的微波背景辐射大致温度的正确数量级。但引人注目的是，作为稳恒态理论的创始人，霍伊尔愿意沿着这个推理思路走下去，并承认这为"大爆炸"模型之类的东西提供了证据。

今天，人们普遍认为，核合成既发生在宇宙中，也发生在恒星中；氦，也许还包括其他一些轻核是在早期宇宙中合成的，而其余的则是在恒星中合成的。核合成的“大爆炸”理论想做的事情太多，以至于失去了自己作为一种氦合成理论应有的貌似合理性。

其次，这是一个理论家和实验者之间缺乏交流的典型例子。大多数理论家从未意识到可以检测出一个各向同性的 3 K 背景辐射。1967 年 6 月 23 日，伽莫夫给彭齐亚斯写过一封信，在信中，他解释道，无论是他还是阿尔弗和赫尔曼，都未曾考虑过是否有可能检测从“大爆炸”中残留下来的辐射，因为当他们研究宇宙学时，射电天文学仍处于起步阶段（但阿尔弗和赫尔曼告诉我，他们的确曾经与约翰·霍普金斯大学、海军研究实验室和国家标准局的雷达专家们共同探索过是否有可能观测到宇宙背景辐射，但却被告知，5 K 或 10 K 的背景辐射温度过低，使用当时的技术是无法探测到的）。另一方面，一些苏联天文物理学家好像意识到了探测微波背景辐射的可能性，但却受到了美国技术杂志用语的误导。在 1964 年的一篇评论文章中，亚·B. 泽利多维奇针对当前辐射温度的两个可能值，正确计算了宇宙中的氦丰度，并准确地强调指出了数量的相关性，因为每个核粒子的光子数（或每个核粒子的熵）不会随时间而改变。然而，他似乎受到了 E.A. 欧姆于 1961 年在《贝尔系统技术杂志》上发表的一篇论文中使用的“天空温度”一词的误导，所得出的结论是辐射温度的测量值小于 1 K。（欧姆所使用的天线与彭齐亚斯和威尔逊最终用来发现微波背景辐射所使用的天线相同，都是 20 英尺长的号角形反射器！）这一点，再加上对宇宙中的氦丰度过低的预估值，使泽利多维奇暂时放弃了早期宇宙温度很高的想法。

当然，信息很难从实验者处传送到理论家处，同样，信息也很难从理论家处传送到实验者处。彭齐亚斯和威尔逊在 1964 年开始着手检查天线前，他们从未听说过阿尔弗－赫尔曼预测。

最后，也是我认为最重要的一点，“大爆炸”理论之所以没有引起人们研究 3 K 微波背景辐射的兴趣，是因为对于物理学家来说，他们很难认真对待早期宇宙的每一个理论（我是部分地根据我对 1965 年前自己的态度的回忆才这样说的）。只要稍稍努力一点，人们就能克服上述所有困难。但是，从时间上而言，最初三分钟距离我们是如此遥远，当时的温度和密度状况对我们是如此陌生，这使我们在应用普通统计力学理论和核物理理论时，往往感到非常不安。

这是物理学中常见的状况——我们所犯的错误不是过于认真对待所提出的理论，而是没有给予它们足够的重视。通常来说，我们很难意识到在书桌上计算的这些数字和公式与现实世界有什么联系。更为糟糕的是，人们似乎常常达成一种共识，认为某些现象不配作为体面的理论和实验研究课题。伽莫夫、阿尔弗和赫尔曼值得我们大加赞扬，首先是因为他们愿意认真对待早期宇宙的问题，并根据已知的物理定律，去探索最初三分钟的情况。然而，即使是他们，也没有迈出最后一步，去使射电天文学家相信，微波背景辐射是值得他们去研究探索的。1965 年，最终发现的 3 K 背景辐射，对于我们来说，其最重要的一点就是使所有人都意识到应该认真对待的确存在早期宇宙这种想法。

我之所以重点讲述失去的这次机会，是因为我认为这种科学史最具启发性。我可以理解为什么如此多的科学史著作都在谈论它的成功，谈论偶然的发现、杰出的推论，或牛顿、爱因斯坦等人伟大神奇的飞跃。但我认为，不理解科学是多么的艰辛——被误导是一件多么容易的事情，而随时知道下一步该做什么又是一件多么困难的事情，如果无法理解这些事情，就无法真正理解它的成功。

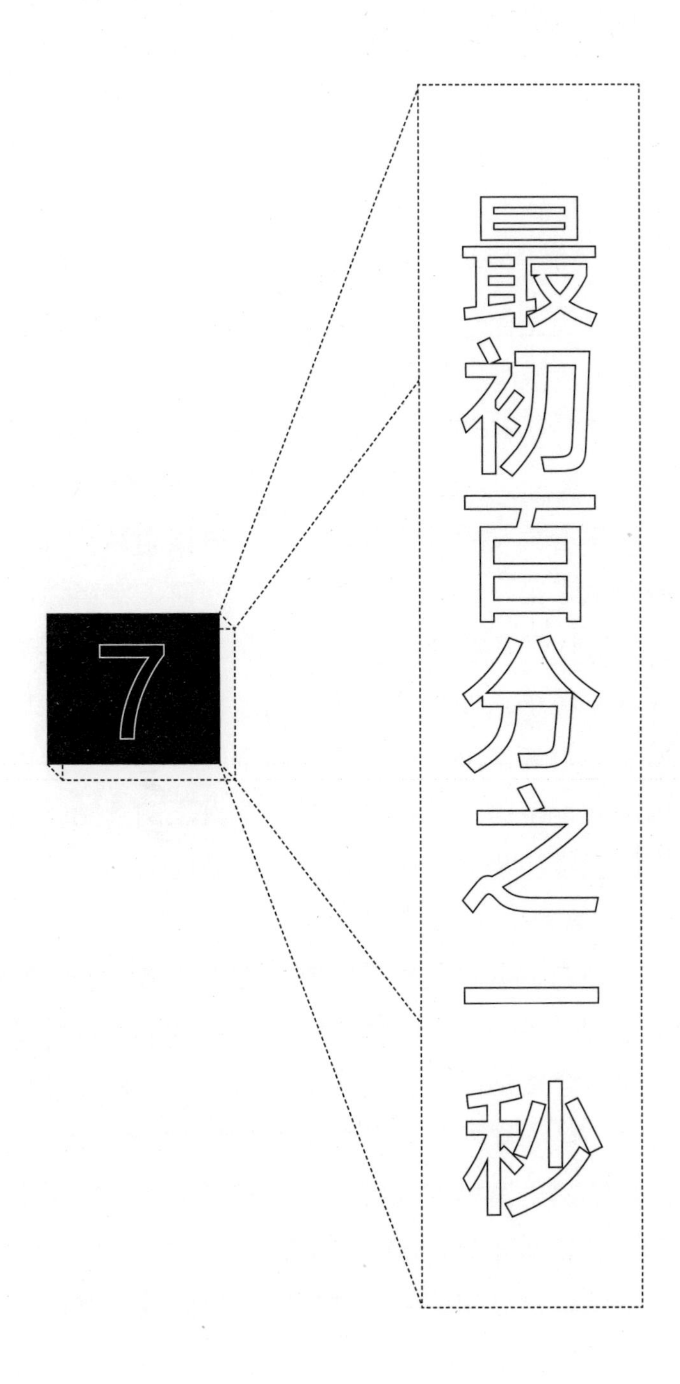

7 最初百分之一秒

我们在第 5 章对最初三分钟的论述并没有从一开始就讲起。而是从“第一个画面”入手的，当时，宇宙温度已经冷却至 1 000 亿开尔文，大量存在的粒子是光子、电子、中微子及其反粒子。如果这些的确是大自然中仅有的粒子类型，那我们也许能够从时间上向后推断宇宙的膨胀，并进而得出论断，宇宙一定曾经有过一个真正的开始，处于一种无穷的温度和密度状态，这发生在我们的第一个画面之前的 0.010 8 秒。

然而，还有许多其他类型，并且为现代物理所知的粒子：μ 介子、π 介子、质子和中子等。当我们追溯到很久很久以前时，会发现温度和密度都非常高，所有这些粒子都数量巨大，保持着热平衡，并处于连续的相互作用状态。对于各种我希望弄清楚的原因，我们对基本粒子物理学的了解还不够，并没有十足把握计算这样一些大杂烩的特性。因此，对于微观物理学的无知就如同一个面纱，遮挡住了我们对宇宙初始研究的视线。

大自然，透过面纱向外窥探，还是很诱人的。对于像我这样，把更多的精力放在研究基本粒子物理学而不是天体物理学的理论家，这种诱惑更为强烈。当代粒子物理学的许多有趣想法产生了极其微妙的推论，在当今的实验室里很难对它们进行检验，但把它们应用于早期宇宙时，这些推论就十分惊人了。

当追溯 1 000 亿开尔文以上的温度时，我们遇到的第一个问题是由基本粒子的“强相互作用”产生的。强相互作用指能够将中子和质子聚集在原子核中的力量。这种力量在我们的日常生活中并不像电磁力和引力那样常见，因为它们的有效作用距离非常短，约为十万亿分之一厘米（10^{-13} 厘米）。即使在核与核之间的距离一般为几亿分之一厘米（10^{-8} 厘米）的分子中，不同核之间的强相互作用也几乎不会产生什么影响。然而，正如其名所示，强相互作用的作用力是非常强的。当两个质子被推到足够近的距离时，它们之间的强相互作用比电排斥高 100 倍；这是面对将近 100 个质子的电排斥，强相互作用仍能将原子核聚集在一起的原因。氢弹的爆炸是由中子和质子的重新安排而产生的，中子和质子经过重新安排后，可以通过强相互作用，更为紧密地结合在一起；氢弹的能量恰好是这种重新安排所产生的多余能量。

正是这种强相互作用的强度，使它们比电磁相互作用更难进行数学处理。例如，当我们计算由于两个电子之间的电磁排斥而产生的散射速度时，必须将无限数量的贡献相加，每个对应的都是光子和电子-正电子对的一个特定发射和吸收序列，如图 7.1 所示，“费因曼图”对此作了形象的描述（在 20 世纪 40 年代末，理查德·费因曼在康奈尔大学制订出运用这些图表进行计算的方法。严格地说，散射过程的速度是由贡献之和的平方得出的，每个图都对应一个贡献）。在任何一个图上多增加一条内线，都会将图的贡献降低一个系数，该系数大致等于大自然的一个基本常数，称为“精细结构常数”。该常数非常小，约为 1/137.036。因此，复杂图的贡献很小，我们可以通过将几个简单图的贡献相加，计算散射过程速度的充分近似值（这就是我们有把握能几乎无限精确地预测原子光谱的原因）。然而，对于强相互作用来说，该常数起着精细结构常数的作用，大致等于 1，而不是 1/137，因此，复杂图提供的基值与简单图恰好一样大。涉及强相互作用的过程速度难以计算的问题，一直是过去 25 年来基本粒子物理学进展的一个最大障碍。

这里显示的是一些电子-电子散射过程较为简单的费因曼图。直线指电子或正电子；波形线指光子。每个图均代表某个数值数量，数值数量的大小取决于进入电子和外出电子的动量和自旋；散射过程的速度为与所有费因曼图相关的这些数量之和的平方，每个图对这个总和的贡献，与根据光子线数量得出的若干 1/137 系数（精细结构常数）成正比。图 7.1（a）代表单个光子的交换，所产生的贡献与 1/137 成正比。图 7.1（b）、（c）、（d）和（e）代表对图 7.1（a）作出主要“辐射”校正的所有类型的图；它们所贡献的数量级均为（1/137）^{2}。图 7.1（f）的贡献则更少，与（1/137）^{3} 成正比。

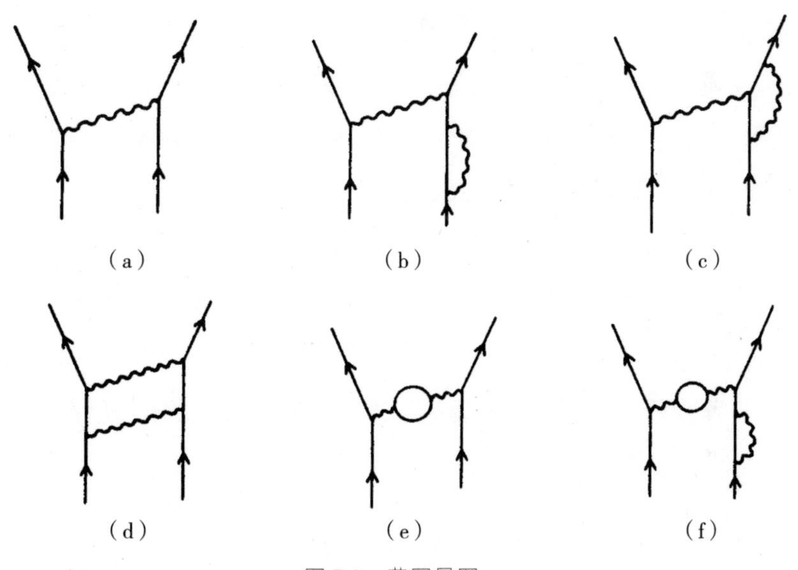

图 7.1　费因曼图

并非所有过程都会涉及强相互作用。这个强相互作用只会影响一类被称为“强子”的粒子；这一类粒子包括核粒子、**π** 介子和一些不稳定的粒子，如 **K** 介子、**ε** 介子、**λ** 超子和 **Σ** 超子等。通常情况下，强子比轻子重（“轻子”的名称来自希腊语中的“轻”一词），但二者之间真正重要的区别在于强子能够感受到强相互作用，而轻子——中微子、电子和 μ 介子——却不能。电子无法感受到核力，这个事实尤其重要——它同另外一个事实，即电子的质量极小，共同造成了这样一种情况，即在一个原子或一个分子中，电子云约比原子核大 100 000 倍，另外，将原子稳固在分子中的化学力，比将中子和质子稳固在核内的力弱数百万倍。如果原子和分子中的电子能够感受到核力，那就不会存在化学、晶体学或生物学——而只有物理学了。

我们在第 5 章开头提到的 1 000 亿开尔文的温度是精心挑选的，确保使其低于所有强子的阈值温度（根据书后附表 1.1，最轻的强子，即 π 介子的阈值温度约为 1.6 万亿开尔文）。因此，在第 5 章的整个讲述中，唯一大量存在的粒子是轻子和光子，它们之间的相互作用完全可以忽略不计。

当强子和反强子大量存在时，我们应该如何处理较高的温度呢？对于这个问题，有两种不同的答案，分别反映了两个不同流派对强子性质的不同看法。

根据其中一个流派，他们认为根本不存在“基本”强子这类东西。每个强子都如同其他强子一样基本——不仅有像质子和中子这样的稳定和近乎稳定的强子，还有像 π 介子、K 介子、ε 介子和超子这样的中等不稳定的粒子，它们存在的时间足够长，能够在照相底片或气泡室中留下可测量的痕迹，但即使是像 ρ 介子这样完全不稳定的“粒子”，它们的存在时间使其以接近光速的速度运行时，几乎无法穿过原子核。在 20 世纪 50 年代末至 60 年代初，主要由伯克利的杰弗里·丘提出这一学说，它又被称为“核民主”。

根据“强子”的这样一种自由定义，存在成百上千个这种阈值温度低于 100 万亿开尔文的已知强子，也许还有数百个正有待发现。某些理论认为，强子种类的数量是无限的：当我们所探索的质量越来越大时，粒子种类的数量也以越来越快的速度增加。去探索和了解这样一个世界似乎是无望的，但粒子光谱的复杂性也有可能变成简单性。例如，ρ 介子是一种强子，可以认为它由两个不稳定的 π 介子组成；当我们在计算中明确地加入 ρ 介子时，我们已在某种程度上考虑了 π 介子之间的强相互作用；也许通过将所有强子都明确计入我们的热力学计算中，我们可以忽略强相互作用的所有其他影响。

另外，如果强子种类的数量的确是无限的，那么，当我们在一个特定体积中加入越来越多的能量时，这个能量不会增加粒子的随机速度，但会增加这个体积中存在的粒子种类的数量。这样，如果强子种类的数量固定，那温度就不会随能量密度的增加而上升。实际上，在这样的理论中，可以有一个最高温度，在这个温度值上，能量密度变得无限。这是难以逾越的温度上限，正如，绝对零度是难以逾越的下限一样。在强子物理学中，最高温度的想法起初是由日内瓦欧洲核子研究中心实验室的 R. 哈格多恩提出的，后来由其他理论家进一步发展，包括麻省理工学院的黄克逊先生和我本人。有人甚至对最高温度作出了相当精确的预测——这个温度值惊人地低，约为两万亿开尔文（2×10^{12} K）。当我们离开始越来越近时，温度也变得越来越接近这个最大值，存在的强子种类也变得越来越丰富。然而，即使在这些异常情况下，也有一个开始，有一个有着无穷能量密度的时期，它大致在第 5 章第一个画面之前的 0.01 秒。

还有另外一种流派，这种流派要传统得多，比“核民主”更接近普通直觉，在我看来，它也更接近事实。根据这种流派，他们认为并非所有的粒子都是相同的；有些粒子的确是基本粒子，而其余粒子则仅仅是基本粒子的复合物而已。据认为，基本粒子由光子和所有已知轻子组成，而非任何已知强子组成。相反，强子被认为是更为基本的粒子——“夸克”的复合物。

原始夸克理论是由加州理工学院的默里・盖尔曼和乔治・茨威格（分别）提出的。理论物理学家如诗人一般的想象力在命名各种不同种类的夸克时，得到了充分的发挥。夸克被分为不同的种类或“味”，其名字也有多种，即“浓味”“淡味”“奇异味”和“粲味”。另外，夸克的每种“味”又分为 3 种不同的“颜色”，美国的理论学家通常称之为红、白和蓝色。北京的理论物理学家小组长期以来一直偏爱某个夸克理论，但他们却称为“层子”，而不是夸克，因为这些粒子比寻常强子更能代表更深层次的现实。

如果夸克的想法是正确的，那么，早期宇宙的物理学也许比我们所想的要简单。根据一个核粒子内部的空间分布，我们有可能推断出存在于夸克之间的某种力，而反过来我们也可以根据电子与核粒子高能碰撞的观测结果，确定这一分布（如果夸克模型是正确的）。几年前，麻省理工学院-斯坦福大学的线性加速器中心通过这种方法发现，当夸克彼此间的距离非常接近时，它们之间的力似乎消失了。这说明，在某个温度下，即大约在几万亿开尔文下，强子会分裂成它们的组分，夸克，就像原子在几千度下会分裂成电子和核，核在几十亿度下会分裂成质子和中子。根据这种描述，人们认为，在很早的时候，宇宙是由光子、轻子、反轻子、夸克和反夸克组成的，它们实质上都是作为自由粒子运行的，因此，每种粒子实际上仅提供了另外一种黑体辐射。这样，就很容易计算出结论，一定曾经有一个开始，一定曾经有一个无穷密度和无穷温度的状态，这个开始大约在第一个画面之前的 0.01 秒。

近来，这些相对直觉的想法有了一个更为坚实的数学基础。1973 年，3 位年轻的理论学家，哈佛大学的休·戴维·波利策和普林斯顿大学的戴维·格罗斯、弗兰克·维尔泽克指出，在一个特别的量子场理论类别中，当夸克被推得彼此距离越来越接近时，夸克之间的力实际上变得非常微弱（这种理论被称为“非阿贝尔规范理论”，由于技术性太强，在这里不便解释）。这些理论具有“渐近自由”的显著特性：在渐近的短距离或高能量上，夸克的行为方式如同自由粒子。剑桥大学的J.C. 科林斯和 M.J. 佩里曾经指出，在任何渐近自由理论中，在温度足够高、密度足够大的情况下，介质的特性实质上就好像该介质纯粹是由自由粒子组成的一样。因此，这些非阿贝尔规范理论的渐近自由能够为最初百分之一秒的简单情景——宇宙是由自由基本粒子组成的——提供坚实的数学理由。

夸克模型适用于各种应用范围。质子和中子的行为方式的确好像它们就是由 3 个夸克组成的，而 ρ 介子的行为方式好像它们是由 1 个夸克和 1 个反夸克组成的，等等。尽管取得了这些成功，但夸克模型也给我们带来了巨大的困惑：迄今为止已证明，即使使用现有加速器提供的最大能量，也不可能将任何强子分裂成它的组分——夸克。

同样，在宇宙学中，人们也无法将自由夸克分离出来。如果在早期宇宙的高温条件下，强子的确能够分裂成自由夸克，那一些自由夸克就有可能残留至今。苏联天文物理学家亚・B. 泽利多维奇预测，残留下来的自由夸克应与当今宇宙中金原子的普遍程度大致相同。毋庸置疑，黄金产量并不丰富，但购买一盎司黄金却比购买一盎司夸克容易得多。

当今，理论物理学所面对的最重要的难题之一就是不存在分离的自由夸克。格罗斯、维尔泽克以及我本人曾建议，“渐近自由”也许能够给出一个合理的解释。如果两个夸克之间相互作用力的强度随着它们彼此推进而减弱，那也会随着它们彼此拉远而增强。因此，在寻常强子中将一个夸克与其他夸克的距离拉远所需的能量，会随着距离的增加而增加，最终，它似乎会变得足够强大，以至于能够在真空中创造出新的夸克-反夸克对。结果，我们得到的不是几个自由夸克，而是一些寻常强子。这完全就像将绳子的一端分离出来：如果用力拉，绳子就会拉断，但最终得到的却是两根绳子，每根绳子都有两个端点！在早期宇宙中，夸克彼此非常接近，以至于它们感受不到这些力，因而能像自由粒子一样运行。然而，当宇宙膨胀和冷却时，存在于早期宇宙中的每个自由夸克要么随一个反夸克湮灭，要么在质子或中子中发现了栖息之所。

关于强相互作用，就说到这里。随着追溯宇宙的初始，我们还会遇到更多的问题。

现代基本粒子理论作出的一个引人入胜的推论是，宇宙也许曾发生过相变，正如，当水温降到 273 K（约 0 摄氏度）时，水会结冰。相变与强相互作用无关，但它与粒子物理学中的另一种短距离相互作用——弱相互作用有关。

弱相互作用能够造成某些放射性衰变过程，如自由中子的衰变过程，或者更广泛地说，弱相互作用能够造成涉及中子的任何反应。正如其名所示，弱相互作用要比电磁或强相互作用弱得多。例如，在能量为 100 万电子伏的中微子和电子碰撞过程中，弱力约为按同样能量碰撞的两个电子间电磁力的一千万分之一（10^{-7}）。

尽管弱相互作用的力很弱，但长期以来人们一直认为弱力和电磁力之间也许存在一种很深的关系。我在 1967 年提出了一种场理论，这一理论将这两种力结合在一起，而阿布杜斯·萨拉姆也在 1968 年独自提出了这样的理论。这一理论预测，存在一种新的弱相互作用，即所谓的中性流，1973 年，人们通过实验证明了中性流的存在。自 1974 年开始，人们发现了整个新强子类型，这一发现使其得到了进一步的证实。这种理论的关键思想是，大自然的对称性非常高，这与各种粒子和力有关，但在普通物理现象中却被遮蔽了。自 1973 年开始使用的场理论描述道，强相互作用都属于同一数学类型（非阿贝尔规范理论），现在，许多物理学家认为，规范理论有可能提供一个统一的基础，帮助人们理解大自然中的所有力：弱力、电磁力、强力，也许还有引力。这种观点得到了统一规范理论其中一个特性的支持，这一理论是由萨拉姆和我猜想提出的，并于 1971 年由杰拉德特·胡夫特和本杰明·李证实：尽管复杂费因曼图的贡献看似无穷，但却给出了所有物理过程的速度的有穷结果。

对于早期宇宙的研究来说，正如莫斯科列别杰夫物理研究所的 D.A. 基尔日尼茨和 A.D. 林达在 1972 年所指出的，规范理论的重点是，这些理论展示了相变，即一种冻结，这种冻结发生在约 3 000 万亿开尔文（3×10^{15} K）的“临界温度”上。当温度低于临界温度时，当时的宇宙便与现在的宇宙是一样的：弱相互作用较弱，且距离较短。当温度高于临界温度时，弱相互作用和电磁相互作用之间的重要统一表现得非常明显：弱相互作用与电磁相互作用遵循着同一种类型的平方反比律，且强度大致相同。

在这里，用一杯冰水作类比是极具启发性的。当温度高于冰点时，液态水会表现出高度的均匀性：在水杯内的一点发现水分子的可能性恰好与在其他任何一点发现水分子的可能性相同。然而，当水被冻结后，空间内各个点之间的这种均匀性会部分丧失：冰会形成一个晶格，水分子位于某种固定的间隔位置，在其他位置发现水分子的可能性几乎为零。同样，当温度降至低于 3 000 万亿开尔文以下时，宇宙被“冻结”，对称性丧失——与冰水不同，它丧失的不是空间上的均匀性，而是弱相互作用与电磁相互作用之间的对称性。

将这一类比作更进一步的发挥，也是有可能的。众所周知，当水被冰冻时，通常不会形成完美的冰晶，而是形成某种更为复杂的东西：一大堆由各种不规则晶线分割而成的凌乱的晶畴。宇宙也曾冻结成畴吗？我们也生活在这样的畴中吗？在这样的畴中，弱相互作用和电磁相互作用之间的对称是否以一种特定的方式被打破？而我们最终是否会发现其他的畴呢？

迄今为止，我们的想象力带着我们回到了温度为 3 000 万亿开尔文的时期，在那时，我们不得不面对强相互作用、弱相互作用和电磁相互作用。物理学已知的另一大类相互作用，即引力相互作用又是何种情况呢？当然，引力曾在我们的讲述中起着重要的作用，因为它控制着宇宙密度及其膨胀速度之间的关系。然而，迄今为止，还未发现引力对早期宇宙的任何部分的内部特性有过任何影响。这是因为引力非常弱；例如，氢原子中的电子和质子之间的引力比电力还要弱 10 的 39 次方。

引力场中的粒子生成过程可以解释在宇宙进程中引力非常弱的原因。威斯康星大学的莱昂纳多・帕克曾指出，在宇宙初始后大约一亿亿亿分之一秒（10^{-24} 秒），宇宙引力场中的“潮汐”效应变得足够大，以至于能够在空洞的空间中产生粒子-反粒子对。然而，引力仍然非常微弱，通过这种方式产生的粒子数量，对热平衡中业已存在的粒子的贡献可忽略不计。

但是，我们至少可以想象这样一个时期，那时，引力强度与上述核相互作用强度相同。引力场不仅由粒子质量产生，还由所有形式的能量产生。地球围绕太阳的旋转速度，比太阳不是很热的情况下的旋转速度要快，因为太阳热量的能量是引力源的组成部分。当温度超高时，处于热平衡的粒子能量变得非常大，以至于粒子之间的引力变得与其他力一样强大。我们可以预估这一事件发生的状态是在大约 1 亿亿亿亿开尔文（10^{32} K）的温度上实现的。

在这个温度条件下，各种类型的奇怪事情都还会继续发生。不仅引力会变强，在引力场中产生的粒子数量会变大——“粒子”这个概念也不再具有任何意义。此时，“视界”，即超过它就无法接收任何信号的距离，比处于热平衡中的一个典型粒子的一个波长要近。粗略地说，每个粒子都大致与可观测到的宇宙一样大！

对于引力的量子性质，我们还知之甚少，甚至还不能明智地推测出此前的宇宙历史。我们可以大致预估，在宇宙初始后大约 10^{-43} 秒，早期宇宙达到 10^{32} K 这个温度，但尚未明确这个预估是否具有任何意义。因此，无论其他迷雾是否已被拨开，在 10^{32} K 这个温度上，仍有一团迷雾遮蔽着我们观察最早期宇宙的视界。

然而，这些不确定性对公元 1976 年的天文学来说，并没有太大的影响。关键在于，在最初的整整 1 秒内，宇宙被假设处于热平衡状态，在这个状态下，所有粒子，甚至包括中微子的数量和分布均由统计力学，而不是由它们的过去决定。今天，当测量氦的丰度、微波辐射甚至是中微子的丰度时，我们观测的是在第 1 秒结束时热平衡状态的残留物。据我们所知，所观测到的东西并不是由那之前的宇宙史决定的（特别是，当我们观测宇宙在第 1 秒之前是否具有各向同性和均匀性时，观测结果并不是由第 1 秒之前的历史决定的，也许光子与核粒子之间的比率本身除外）。这就好像精心准备了一顿晚餐——最新鲜的食材、最精制的佐料、最优质的红酒——但随后却将其全部扔进一个大锅中，一起煮了几个小时。这样，即使是最有鉴赏力的美食家也很难分辨出端上桌的是什么饭菜了。

也许有一种情况例外。引力现象，如同电磁现象一样，可以通过波的形式表现出来，也可以通过更为常见的远距离静力作用表现出来。两个静止电子会根据静电力而相互排斥，静电力取决于两个静止电子之间的距离，但如果我们前后摆动一个电子，那么，在间距发生的变化信息通过电磁波从一个粒子传送到另一个粒子之前，另一个电子是不会感到作用力发生任何变化的。毋庸置疑，这些波是以光速传播的——它们就是光，尽管未必是可见光。同样，如果某个不明智的巨人前后摆动太阳，那地球上的我们在 8 分钟内是不会感受到任何影响的，8 分钟是波以光速从太阳传送到地球所需的时间。这不是一种光波，一种振动电波或磁波，而是一种引力波，振动发生在引力场中。就如同电磁波一样，我们将所有波长上的引力波都归为“引力辐射”。

引力辐射与物质的相互作用远比电磁辐射要弱，甚至比中微子还弱（因为这个原因，尽管我们对引力辐射存在的理论原因有相当的把握，但迄今为止，大多数艰苦的努力还未探测到引力波的任何来源）。因此，引力辐射有可能在很早的时候就与其他宇宙成分失去了热平衡——事实上，是当温度约为 10^{32} K 时。自那之后，引力辐射的有效温度开始下降，与宇宙规模成反比。宇宙其他成分的温度遵循的也是这一递减规律，但存在一种例外情况，即夸克-反夸克和轻子-反轻子对的湮灭使宇宙其他成分的温度升高，但却没有使引力辐射的温度升高。因此，今天的宇宙应充满引力辐射，其温度接近但却稍低于中微子或光子的温度——也许约为 1 K。探测这个辐射，就意味着需要直接观测宇宙最早期的历史，就连当代理论物理学都能对这个时期进行预测。遗憾的是，在可预见的将来，检测到 1 K 的引力辐射的可能性微乎其微。

我们目前所掌握的理论包含大量推测成分，在这样的理论帮助下，我们能够从时间上往后追溯宇宙史，一直追溯到密度无穷大的时刻。但这并不能使我们满足。我们自然而然地还想知道在这个时刻之前所发生的事情，在宇宙开始膨胀和冷却之前所发生的事情。

一个可能性是，从未真正存在过一种密度无穷大的状态。宇宙当前的膨胀也许开始于前一个收缩时期结束时，当宇宙密度达到某个非常高却有穷的数值时。我将在第 8 章中对这种可能性再稍作论述。

尽管我们并不清楚这是否真实存在，但至少从逻辑上讲，存在这样的可能性，即宇宙的确存在一个开端，在那一时刻之前，时间本身是没有任何意义的。我们都已经习惯了绝对零度概念。当温度低于 −273.16 摄氏度时，是无法冷却任何事物的，这并不是因为太难或没有人想到制造一种非常合适的冰箱，而是因为低于绝对零度的温度是没有意义的——我们根本无法找到低于无热的热量。同样，我们也许已经习惯绝对零度的时间——即在过去的这一时刻之前，在原则上是无法追溯任何因果链的。这个问题仍有待商榷，也有可能永远值得商榷。

对我来说，从关于早期宇宙的推测中得出的最令人满意的东西，是宇宙史及其逻辑结构之间有可能存在相似之处。现在，大自然已展示出种类繁多的粒子和相互作用。然而，我们已经学会去研究这种多样性所隐藏的东西，尝试着把各种粒子和相互作用看成是一个简单统一规范场理论的各个方面。当前宇宙温度非常低，各种粒子和相互作用之间的对称性已被一种冰冻所遮蔽；它们在日常现象中表现得并不明显，在我们的规范场理论中，必须通过数学方式来表示。我们现在通过数学方式所完成的事情，在早期宇宙中是通过热来完成的——这一物理现象直接展示了大自然在本质上的简单性。但当时却无人能够目睹。

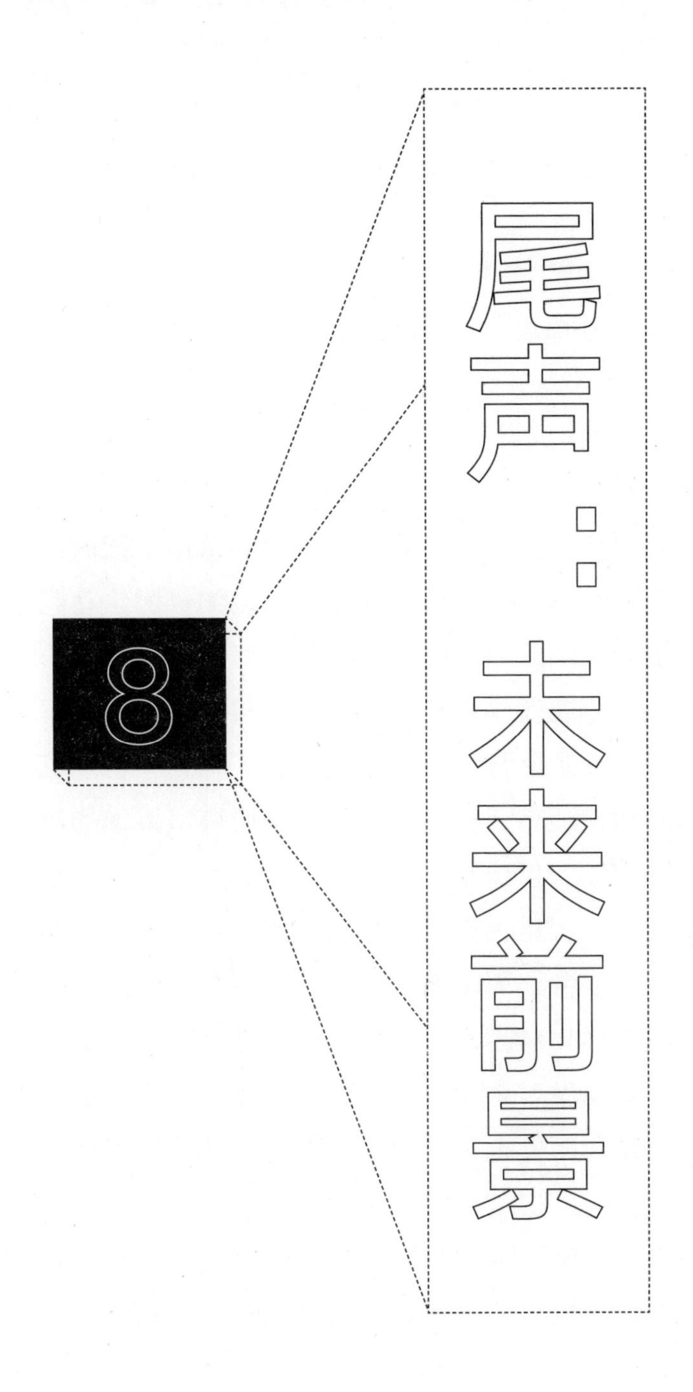
8
尾声：未来前景

当然，宇宙会一直膨胀下去，且会持续一段时间。关于它以后的命运，标准模型作出了含糊的预测：它完全取决于宇宙密度是否小于某个临界值或大于某个临界值。

正如我们在第 2 章中看到的，如果宇宙密度小于临界密度，那宇宙就是无穷的，将永远膨胀下去。我们的后代，如果那时我们还有后代的话，将看到所有恒星上的热核反应会逐渐结束，仅残留下各种熔渣：黑矮星、中子星，或许还有黑洞。行星也许会继续沿轨道运行，当它们发射引力波时，速度会稍稍降低，但永远不会在任何一个有穷的时间内进入静止状态。宇宙背景辐射和中微子温度将继续下降，下降幅度与宇宙规模成反比，但这些都无法逃脱出我们的眼睛；即便现在，也还很难探测到 3 K 的微波背景辐射。

另外，如果宇宙密度大于临界值，那宇宙就是有穷的，最终会停止膨胀，取而代之的则是宇宙加速收缩。例如，如果宇宙密度是其临界值的两倍，如果当前通用的哈勃常数（15.3 千米·秒 $^{-1}$/ 百万秒差距）是正确的，那现在宇宙就有 100 亿岁了；它会再继续膨胀 500 亿年，之后开始收缩（见图 2.10）。收缩只不过是倒退的膨胀而已：500 亿年过后，宇宙将重新回到现在的规模，再过 100 亿年，它将接近奇特的无穷密度状态。

至少在收缩阶段初期，天文学家（如果还有的话）将能够观测到红移和蓝移。如果宇宙比观测到光的时候大，那来自邻近星系的光就会发射出来，因此，当观测到光的发射时，这种光似乎朝着光谱的短波端，即蓝端偏移。另外，如果宇宙仍处于膨胀初期，那来自极远物体的光就会发射出来，那时宇宙甚至比观测到光的时候还小，因此，当观测到光的发射时，这种光似乎朝着光谱的长波端，即红端偏移。

由光子和中微子形成的宇宙背景温度将会下降，然后又随着宇宙的膨胀和随后的收缩而升高，它总是与宇宙规模成反比。如果现在宇宙密度是其临界值的两倍，那我们的计算结果说明，当宇宙膨胀到最大时，它比现在正好大两倍，到时的微波背景温度将只有当前值 3 K 的一半，或约 1.5 K。因此，随着宇宙开始收缩，温度将开始升高。

刚开始，不会出现警报——在几十亿年的时间里，背景辐射的温度极低，需要付出很大努力才能检测到它。然而，当宇宙重新收缩到只有当前规模的百分之一时，背景辐射将开始在天空中占支配地位：夜空将如我们当前的白昼一样温暖（300 K）。7 000 万年后，宇宙将再收缩 10 倍，我们的后代（如果有的话）将觉得天空亮得难以忍受。行星和恒星大气中的分子和星际空间中的分子将开始分解成原子，原子又将分解成自由电子和原子核。再过 700 000 年，宇宙温度将达到 1 000 万度；到那时，恒星和行星本身也将熔化成一种由辐射、电子和核组成的宇宙混合物。再过 22 天，温度将上升至 100 亿度。然后，原子核开始分解成其组分，即质子和中子，从而破坏恒星和宇宙核合成。此后不久，在光子与光子的碰撞中将产生大量电子和正电子，中微子和反中微子的宇宙背景将与宇宙的其他部分重新形成热共享。

我们真的能够将这个令人沮丧的故事一直讲下去，一直讲到无穷温度和无穷密度的状态吗？当温度达到 10 亿度大约 3 分钟后，时间真的能够停止吗？显然，我们对此毫无把握。我们在第 7 章中探索百分之一秒时遇到的所有不确定的问题，在我们探索最后百分之一秒时，将再次使我们不知所措。首先，当温度比 10^{32} K 高时，我们必须使用量子力学的语言来描述整个宇宙，但没有人真正了解当时到底发生了什么。另外，如果宇宙并不具备各向同性和均匀性（参见第 5 章结尾），那么，在我们面对量子宇宙之前的很长一段时间内，我们整个的讲述就有可能失去有效性。

从这些不确定性中，有些宇宙学家看到了某种希望。或许，宇宙将经历一种宇宙“反弹”，开始重新膨胀。在《新埃达》中，诸神和巨人在世界毁灭时经过一场激战之后，地球被水火摧毁，但洪水退却后，托尔的儿子们又拿着父亲的锤子，从地狱中走了出来，整个世界又重新开始。但如果宇宙真的重新膨胀，那么，它的膨胀也会再次减缓，直至停止，然后开始另一轮的收缩，并在另一次的宇宙毁灭中结束，然后又发生反弹，循环往复，永无休止。

如果这就是我们未来的样子，那按理说，这也是我们过去的样子。当前宇宙的膨胀只不过是上一次收缩和反弹后的一个阶段而已（实际上，迪克、皮布尔斯、罗尔和威尔金森在 1965 年撰写的关于宇宙微波背景辐射的论文中就假设，宇宙在过去一定有一个膨胀和收缩的完整阶段，他们认为，宇宙一定曾经足够地收缩过，使温度升至至少 100 亿度，从而分解在之前阶段形成的重要元素）。再往后看，我们可以想象一个无穷尽的膨胀和收缩循环，它一直延伸到无穷的过去，根本就没有开端。

有些宇宙学家从哲学意义上对振动模型感兴趣，尤其是因为，如同稳恒态模型，振动模型也巧妙地避开了创世纪的问题。然而，它的确也面临着一个严重的理论难题。在每次循环过程中，随着宇宙的膨胀和收缩，光子与核粒子（或更确切地说，每个核粒子的熵）之间的比率，会因一种摩擦（称为“体积黏度”）而稍有增加。据我们所知，到时，宇宙将开始一个新的循环，光子与核粒子之间的比率也会是一个新的数值，且略有提高。目前，这个比率非常大，但却不是无穷的，因此难以看出，宇宙如何在过去经历了无数次的循环。

然而，所有这些问题都有可能被解决，不管哪个宇宙模型被证明是正确的，都不会给人多大慰藉。人类几乎不可避免地会认为，我们与宇宙之间存在某种特殊关系，人类的生活不仅仅是始于最初三分钟一系列事件所带来的具有喜剧色彩的产物，而且，我们在宇宙初始时就已在某种程度上将自己置于宇宙中了。当写至此处时，我正巧坐在一架飞行在 30 000 英尺高空的飞机上，当时，我正从旧金山返回到波士顿的家中，飞机飞行在怀俄明的上空。往下看，地球看起来非常柔软、舒适——绒毛似的云朵随处可见，积雪在落日的映照下变成粉红色，公路从一个城镇到另一个城镇，笔直地延伸在大地上。很难想象，所有这些都只不过是充满敌意的宇宙中一个微不足道的部分而已。更难想象的是，当前这个宇宙是从人类完全陌生的早期环境中演化而来的，而且在将来有可能毁灭，进入无休止的寒冷或无法容忍的酷热状态，宇宙越是看似容易理解，越是让人不可捉摸。

但即使我们的研究成果没有令人宽慰的东西，那至少研究本身也称得上是某种宽慰。人们不满足于用神和巨人的传说来宽慰自己，也不愿将自己的全部精力放在日常琐事上；他们还制造了望远镜、卫星和加速器，整日坐在办公桌前，研究所收集资料的价值和意义。努力去理解宇宙，这是使人类生活减少一些喜剧色彩、增加某些悲剧色彩的少数事情之一。

附　录

附表 1.1　一些基本粒子的特性

	粒子	符号	静止能量 /10^6 电子伏	阈值 /10^9 K	有效种类数量	平均寿命 / 秒
轻子	光子	γ	0	0	1×2×1=2	稳定
	中微子	ν_e，$\bar{\nu}_e$	0	0	2×1×7/8=7/4	稳定
		ν_μ，$\bar{\nu}_\mu$	0	0	2×1×7/8=7/4	稳定
	电子	e^-，e^+	0.511 0	5.930	2×2×7/8=7/2	稳定
	μ 介子	μ^-，μ^+	105.66	1 226.2	2×2×7/8=7/2	2.197×10^{-6}
强子	π 介子	π^0	134.96	1 566.2	1×1×1=1	0.8×10^{-16}
		π^+，π^-	139.57	1 619.7	2×1×1=2	2.60×10^{-8}
	质子	p，$\bar{p}$	938.26	10 888	2×2×7/8=7/2	稳定
	中子	n，$\bar{n}$	939.55	10 903	2×2×7/8=7/2	920

一些基本粒子的特性。“静止能量”指当粒子的所有质量被转化为能量时，所释放的能量。“阈值温度”指静止能量除以玻尔兹曼常数所得出的数值; 在这个温度之上，粒子可以自由地从热辐射中创造出来。“有效种类数量”给出了当温度大大高于阈值时，每种粒子所对应的总能量、压力和熵的相对增量。这个数量被书写成 3 个系数的乘积：根据粒子是否具有单独的反粒子，第 1 个系数为 2 或 1；第 2 个系数为粒子可能发生自旋方向的数量；根据粒子是否遵循泡利排斥原理，最后一个系数为 7/8 或 1。“平均寿命”指粒子在发生放射性衰变，成为其他粒子之前，所存在的平均时间长度。

附表 1.2　一些辐射类型的特性

	波长 / 厘米	光子能量 / 电子伏	黑体温度 /K
比率（最高至 VHF）	> 10	< 0.000 01	< 0.03
微波	0.01 ~ 10	0.000 01 ~ 0.01	0.03 ~ 30
红外线	0.000 1 ~ 0.01	0.01 ~ 1	30 ~ 3 000
可见光	2×10^{-5} ~ 10^{-4}	1 ~ 6	3 000 ~ 15 000
紫外线	10^{-7} ~ 2×10^{-5}	6 ~ 1 000	15 000 ~ 3 000 000
X 射线	10^{-9} ~ 10^{-7}	1 000 ~ 100 000	3×10^{6} ~ 3×10^{8}
γ 射线	< 10^{-9}	> 100 000	> 3×10^{8}

一些辐射类型的特性。每种辐射都有一定的波长范围，这里用厘米表示。与这个波长范围对应的是光子能量的范围，这里用电子伏表示。“黑体温度”指黑体辐射将大部分能量聚集在特定波长附近的温度；这里用开尔文表示（例如，彭齐亚斯和威尔逊在发现宇宙背景辐射时所调的波长为 7.35 厘米，所以这是微波辐射；通常情况下，当核发生放射性嬗变时所释放的光子能量约为 100 万电子伏，所以这是 γ 射线；太阳表面温度为 5 800 K，所以太阳发射可见光）。当然，不同类型的辐射并没有明显的区别，而且人们对于各种波长范围也没有达成普遍共识。

词汇表

1. **绝对光度** 任何天体每单位时间所释放的总能量。

2. **仙女座星云** 离我们的星系最近的大星系。它呈旋涡状，具有约 3×10^{11} 的太阳质量。它在梅西耶星表中编号为 M31，在“星云成因新总表”中编号为 NGC224。

3. **埃单位** 一厘米的一亿分之一，即 10^{-8} 厘米。用符号 $\dot{A}$ 表示。典型原子的大小为几个埃；可见光的典型波长为几千个埃。

4. **反粒子** 与另一个粒子质量、自旋、电荷、重子数、轻子数等相同，但电荷相反的粒子。每个粒子都有一个相应的反粒子，但某些纯中性粒子，如光子和 π^0 介子除外，它们本身就是自己的反粒子。反中微子是中微子的反粒子；反质子是质子的反粒子；以此类推。反物质是由反质子、反中子和反电子或正电子组成的。

5. **视光度** 每单位时间和每单位接收面积从任何天体上所接收到的总能量。

6. **渐近自由** 一些关于强相互作用的场理论的特性，力在短距离内会变得越来越弱。

7. **重子** 一种强相互作用的粒子，包括中子、质子和一种不稳定的强子，被称为超子。重子数是存在于一个系统内的重子总数减去反重子总数得出的数量。

8. **“大爆炸”宇宙学** 这个关于宇宙膨胀的理论认为

宇宙始于过去的一个有穷时刻，当时，它处于一个密度和压力都非常大的状态。

9. **黑体辐射**　每个波长范围内的能量密度与完全吸收性热物体所释放的辐射能量密度相同的辐射。处于热平衡状态的辐射都是黑体辐射。

10. **蓝移**　光谱线朝着较短波长移动，这种移动是由渐近光源的多普勒效应引起的。

11. **玻尔兹曼常数**　统计力学的基本常数，它将温度尺度与能量单位联系在一起。通常用 k，或 k_B 表示，等于 $1.380\,6 \times 10^{-16}$ 尔格 / 开，或 0.000 086 17 电子伏 / 开。

12. **造父变星**　明亮的变星，其绝对光度、变化周期和颜色间存在明确的关系。根据仙王星座中的恒星仙王座 δ（中国星名造父一）命名。可用来确定相对较近星系的距离。

13. **特征膨胀时间**　哈勃常数的倒数。大约是宇宙膨胀 1% 所需时间的 100 倍。

14. **守恒定律**　这个定律说明，某些量的总值在任何反应中都不会发生变化。

15. **宇宙射线**　从外层空间进入地球大气层的高能带电粒子。

16. **宇宙学常数**　1917 年，爱因斯坦在他的引力场公式中增加的一个项。这样一个项会在极远距离内产生排斥力，在静止的宇宙中需要它来平衡由于引力而产生的吸引力。目前，没有理由怀疑宇宙学常数的存在。

17. **宇宙学原理** 宇宙学原理是一种假说，假设宇宙是各向同性和均匀的。

18. **临界密度** 当宇宙膨胀最终停止，并随后被收缩取代时所需的当前宇宙质量密度的最小值。如果宇宙密度大于临界密度，那宇宙在空间上就是有限的。

19. **临界温度** 使发生相变的温度。

20. **氰** 化合物CN，由碳和氮组成。可通过吸收可见光，在恒星空间中找到。

21. **减速参数** 用来描述遥远星系的退行速度减缓的数量。

22. **密度** 每单位体积的任何量的数量。质量密度指每单位体积的质量；它常常被简称为“密度”。能量密度指每单位体积的能量；数量密度或粒子密度指每单位体积的粒子数量。

23. **氘** 一种氢的重同位素（H-2）。氘核是由一个质子和一个中子组成的。

24. **多普勒效应** 任何信号的频率变化，这是由光源和接收器的相对运动引起的。

25. **电子** 最轻的巨大的基本粒子。原子和分子的所有化学特性都是由电子彼此之间以及电子与原子核之间的电相互作用决定的。

26. **电子伏** 在原子物理学中常用的一种能量单位，

相当于一个电子通过一伏电压差时所获得的能量。等于 $1.602\,19 \times 10^{-12}$ 尔格。

27. **熵** 统计力学的基本量，与一个物理系统的紊乱程度相关。熵在物理系统持续保持热平衡的任何过程中都是守恒的。热力学的第二定律认为，熵的总量在任何反应中永远不会减少。

28. **尔格** 厘米 - 克 - 秒系统中的能量单位。以 1 厘米 / 秒的速度运动的 1 克质量的动能为半尔格。

29. **费因曼图** 费因曼图表示基本粒子反应率的各种因素。

30. **精细结构常数** 原子物理学和量子电子动力学的基本数值常数，表示为电子电荷的平方除以普朗克常数和光速的乘积。表示为 α，等于 1/137.036。

31. **频率** 任何类型的波峰通过一个特定点的速度。等于波速除以波长。通过每秒循环周期，或“Hz”来衡量。

32. **弗里德曼模型** 宇宙时空结构的数学模型，以广义相对论（没有宇宙学常数）和宇宙学原理为基础。

33. **星系** 因引力而集结在一起的巨大的恒星群，包含高达 10^{12} 的太阳质量。有时，我们的星系被称为“银河系”。通常情况下，根据星系的形状，如椭圆形、旋涡形、有棒的旋涡形或不规则形来进行分类。

34. **规范理论** 这是一种场理论，该理论是一种关于弱相互作用、电磁相互作用和强相互作用可能性的理论，目前正在深入研究中。这样一种理论在对称变换条件下是不变的，其效应在时空中因点而异。“规范”一词来自普通的英语词汇，意为“测量”，但该词汇大多是在涉及历史原因时才使用。

35. **广义相对论** 阿尔伯特·爱因斯坦在1906—1916年的10年间提出的引力理论。正如爱因斯坦所阐明的，广义相对论的基本思想是，引力是时空连续体的曲率效应。

36. **引力波** 引力场中的波，类似于电磁场中的光波。引力波的运行速度与光速相同，为299 792千米/秒。关于引力波，迄今为止，还未有广泛认可的实验证据，但其存在却是广义相对论所需要的，这一点并没有受到严重质疑。（美国激光干涉引力波天文台LIGO项目合作组织于2016年2月11日宣布，他们利用高级引力波探测器已经首次探测到了来自双黑洞合并的引力波信号。——编者注）引力辐射的量子，类似于光子，被称为引力子。

37. **强子** 参与强相互作用的任何粒子。强子分为重子（如中子和质子）和介子，重子符合泡利不相容原理，但介子不符合。

38. **氦** 质量第二轻也是第二丰富的化学元素。有两种稳定的氦（He）同位素：He-4由两个质子和两个中子组成，而He-3由两个质子和一个中子组成。氦的原子在核的外面有两个电子。

39. **均匀性**　宇宙的假定特性，即在特定的时刻，无论它位于何处，对于所有的典型观测者来说，看起来都是一样的。

40. **视界**　在宇宙学中，超过这个距离，就没有任何光信号能有足够的时间到达我们。如果宇宙有一个确切的年龄，那视界的距离就是年龄乘以光速的数量级。

41. **哈勃定律**　哈勃定律指距离中等的星系的退行速度及其距离之间的比例关系。哈勃常数是速度和距离在这方面的比率，用 H 或 H_0 表示。

42. **氢**　最轻和最丰富的化学元素。通常氢的核是由一个单一的质子组成的。还有两种较重的同位素：氘和氚。任何一种氢的原子都是由一个氢核和一个单一的电子组成的；正氢离子中没有电子。

43. **羟离子**　离子 OH^-，由一个氧原子、一个氢原子和一个额外的电子组成。

44. **红外辐射**　波长在 0.000 1 ~ 0.01 厘米（1 万 ~ 100 万埃）范围内的电磁波，位于可见光和微波辐射之间的介质。在室温下，物体发出的大多是红外辐射。

45. **各向同性**　宇宙的假定特性，即对于一个典型观测者来说，它在各个方向上看起来都是一样的。

46. **琼斯质量**　引力吸引力能够克服内部压力，并产生在引力作用下集结在一起的系统的最小质量。用 M_J 表示。

47. **开尔文**　温度尺度，同摄氏度一样，但它用绝对零度而不是冰的熔点来表示零度。一个大气压下的冰的熔点为 273.15 K。

48. **轻子**　一类不参与强相互作用的粒子，包括电子、μ 介子和中微子。轻子数是存在于一个系统中的轻子总数减去反轻子总数得出的数量。

49. **光年**　光在宇宙真空中沿直线传播一年时间的距离，等于 9.460 5 万亿千米。

50. **最高温度**　由某些强相互作用理论提出的温度上限。据这些理论预估，最高温度为 2 万亿开尔文。

51. **平均自由行程**　一个特定粒子在与它运动其中的介质发生的两次碰撞之间所运行的平均距离。平均自由时间是两次碰撞之间的平均时间。

52. **介子**　一类强相互作用的粒子，包括 π 介子、K 介子、ρ 介子等，其重子数为零。

53. **梅西耶编号**　查尔斯·梅西耶星表中各种星云和星团的星表编号。通常缩写为 M...，如仙女座星云为 M31。

54. **微波辐射**　波长为 0.01 ~ 10 厘米的电磁波，介于高频射电和红外辐射之间。温度为几开尔文的物体主要在微波带发出辐射。

55. **银河**　位于我们星系平面上的恒星带的古称。有时用来指我们的星系本身。

56. **μ 介子**　一种不稳定的带负电的基本粒子，与电子相似，但比电子重 207 倍。用 μ 表示。虽然有时被称为介子，但却不像真正的介子那样发生强相互作用。

57. **星云** 有着云一样外表的延伸天体。有些星云是星系；有些实际上是位于我们星系内的灰尘和气体。

58. **中微子** 一种没有质量的不带电的粒子，只发生弱相互作用和引力相互作用。用 v 表示。中微子至少分为两类，即电子型（v_e）和介子型（v_μ）。

59. **中子** 不带电的粒子，和质子一起存在于寻常原子核中，用 n 表示。

60. **牛顿常数** 牛顿和爱因斯坦引力理论的基本常数，用 G 表示。在牛顿理论中，两个物体之间的引力是 G 乘以质量的乘积再除以它们之间距离的平方。按公制单位，等于 6.67×10^{-8} 立方厘米 /（克·秒）。

61. **核民主** 这种说法认为，所有强子都一样基础而重要。

62. **核粒子** 存在于寻常原子核中的粒子，即质子和中子。

63. **秒差距** 天文学上的距离单位。其定义如下，视差（由于地球围绕太阳运动而引起的年偏移）为一秒弧的物体的距离。缩写为 pc，等于 3.0856×10^{13} 千米，或 3.261 5 光年。在天文文献中，通常使用秒差距而非光年来表示距离。宇宙学的传统单位是百万秒差距，缩写为 M_{pc}，哈勃常数通常用千米 · 秒 $^{-1}$/ 百万秒差距表示。

64. **泡利不相容原理**　该原理认为，没有两个同一类型的粒子处于恰好相同的量子状态。重子和轻子符合这一原理，但光子和介子不符合。

65. **相变**　一个系统从一个位形向另一个位形的剧烈转变，通常会发生对称上的变化。相变的实例包括熔化、沸腾，以及从普通导电性到超导电性的转变。

66. **光子**　在关于辐射的量子理论中，与光波联系在一起的粒子，用 γ 表示。

67. **π 介子**　最小质量的强子。可分为 3 类，即带正电的粒子（π^+），它的带负电的反粒子（π^-）和略轻的不带电的粒子（π^0）。π 介子有时被称为介子。

68. **普朗克常数**　量子力学的基本常数。用 h 表示。等于 6.625×10^{-27} 尔格 / 秒。1900 年，普朗克常数首次在普朗克黑体辐射理论中提出。随后，在 1905 年，出现在爱因斯坦的光子理论中：一个光子的能量是普朗克常数乘以光速再除以波长。今天，人们经常使用的是常数 h，h 是用普朗克常数除以 2π 得出的。

69. **普朗克分布**　处于热平衡的辐射，即黑体辐射，在不同波长上的能量分布。

70. **正电子**　电子带正电的反粒子。用 e^+ 表示。

71. **自行**　天体沿与视线垂直方向运动所引起的在天空中的位置移动。通常用秒弧 / 年测量。

72. **质子**　带正电的粒子，与中子一起存在于寻常原子核中。用 p 表示。氢核是由一个质子组成的。

73. **量子力学** 量子力学是在 20 世纪 20 年代提出的基本物理理论，它的出现取代了古典力学。在量子力学中，波和粒子是同一基本实体的两个方面。与特定波相关的粒子即是它的量子。另外，如原子或分子这样的束缚系统的状态只能处于某些显著的能量级；一般认为能量被量子化了。

74. **夸克** 假定的基本粒子，假定所有强子都由夸克组成。关于还未被发现的单独的夸克，从理论上来说，我们有理由怀疑，尽管从某种意义上来讲，夸克是真实存在的，但它们却永远不可能作为单独的粒子被发现。

75. **类星体** 类星体是一类有着恒星外表和极小角尺度的天体，但这类天体却有着极大的红移。它们有时被称为类星体，或当它们的辐射源足够强时，有时也被称为类星源。它们的真实性质还不为人所知。

76. **雷利 - 琼斯定律** 能量密度（每单位的波长间隔）和波长之间的简单关系，适用于普朗克分布的长波长范围。在这个波长范围内的能量密度与波长的反四次方成正比。

77. **复合** 原子核和电子结合成寻常原子。在宇宙学中，复合常被用来专门指氦核氢原子在大约 3 000 K 的温度下的形成。

78. **红移** 由退行光源的多普勒效应引起的光谱线朝着较长波长偏移。在宇宙学中，指所观测到的遥远天体的光谱线朝着较长波长的偏移。作为波长的分数增加值，红

移用 z 表示。

79. **静止能量** 处于静止状态的粒子的能量，如果粒子的所有质量都能湮灭，那这种能量就会被释放出来。根据爱因斯坦的公式 $E=mc^2$，得出静止能量。

80. **ρ 介子** 若干极不稳定的强子之一。衰变成两个 **π** 介子，平均寿命为 4.4×10^{-24} 秒。

81. **狭义相对论** 阿尔伯特·爱因斯坦在 1905 年提出的关于时空的新观点。在牛顿力学中，有一套数学变换式将不同观测者使用的时空坐标联系起来，通过这种方式，使自然法则看起来对这些观测者都是一样的。然而，在狭义相对论中，时空变换式具有实质性的特性是，不管观测者的速度如何，光速都是不变的。据认为，如果系统包含的粒子速度接近光速，该系统是相对论性的，需根据狭义相对论的规则而不是牛顿力学的规则来处理。

82. **光速** 狭义相对论的基本常数，用 c 表示，等于 299 729 千米 / 秒。如果粒子质量为零，如光子、中微子或引力子，它们以光速运行。当物质粒子的能量与它们质量中的静止能量 mc^2 相比非常大时，那么物质粒子则接近光速。

83. **自旋** 基本粒子的基本特性，它描述了粒子的旋转状态。根据量子力学的规则，自旋仅有某些特殊值，等于一个整数或整数的一半乘以普朗克常数。

84. **稳恒态理论** 邦迪、戈尔德和霍伊尔提出的宇宙学理论,根据这个理论,宇宙的平均特性从未随时间而变化;当宇宙膨胀时，为了确保密度不变，新物质必须连续不断地被创造出来。

85. **斯蒂芬-玻尔兹曼定律**　在黑体辐射中，能量密度与温度的四次方成比例关系。

86. **强相互作用**　在基本粒子相互作用的4个基本类型中最强的一类相互作用。它负责产生核力，将质子和中子凝聚在原子核中。强相互作用只影响强子，而不影响轻子或光子。

87. **超新星**　巨大的恒星爆炸，在爆炸过程中，除了恒星的内核之外,所有的部分都被炸飞,进入恒星际空间。一个超新星在几天内所产生的能量相当于太阳在10亿年中所释放的能量。在我们的星系中所观测到的最新一颗超新星，是开普勒（以及中国和朝鲜的宫廷占星家）于1604年在蛇夫座中发现的，但有人认为，射电源仙后座A是由一颗更新的超新星引起的。

88. **热平衡**　在热平衡中，粒子进入任何一个特定的速度、自旋等范围的速度，恰好与它们离开的速度相等。如果在足够长的时间内不受干扰，任何物理系统都会最终接近某种热平衡状态。

89. **阈值温度**　如果高于这一温度，黑体辐射就会产生大量特定类型的粒子。等于粒子质量乘以光速的平方，再除以玻尔兹曼常数。

90. **氚**　不稳定的氢的重同位素（H-3）。氚核由一个质子和两个中子组成。

91. **典型星系**　这里用来指没有异常速度的星系，这种星系仅随宇宙膨胀所产生的一般性物质流动而运动。在这里，也可以指典型粒子或典型观测者。

92. **紫外辐射**　波长为 $10^{-7} \sim 2\times10^{-5}$ 埃的电磁波，介于可见光与 X 光之间。

93. **室女星系团**　在室女座中，超过 1 000 个星系的巨大星系团。这一星系团正以大约 1 000 千米 / 秒的速度远离我们，据估计，它与我们的距离为 6 000 万光年。

94. **波长**　在任何类型的波中，波峰之间的距离。对电磁波来说，波长可以定义为电场或磁场矢量的任何分量达到其最高值的点之间的距离。

95. **弱相互作用**　基本粒子相互作用的 4 个基本类型之一。在寻常能量下，尽管弱相互作用比引力强得多，但它与电磁相互作用或强相互作用相比，却弱得多。弱相互作用使中子和 μ 介子这样的粒子的衰变速度相对较慢，也导致了与中微子相关的所有反应。现在广泛认为，弱相互作用、电磁相互作用，也许还有强相互作用，是简单的、基本的和统一的规范场理论的外在表现。

数学注释

这些注释有助于读者理解本书非数学说明中所蕴含的数学知识。是否能够完全理解这些注释，并不影响读者理解本书大部分章节所进行的论述。

注释 1　多普勒效应

假设波峰在固定间隔位置离开光源，固定间隔位置由周期 T 分割。如果光源正以速度 V 远离观测者，那么，在连续的两个波峰期间，光源会靠近距离 VT。这会增加波峰从光源到达观测者所需的时间，增值为 VT/c，其中 c 为光速。因此，两个连续的波峰到达观测者所需的时间为：

$$T' = T + \frac{VT}{c}$$

光发射时的波长为：

$$\lambda = cT$$

光到达时的波长为：

$$\lambda' = cT'$$

这些波长的比率为：

$$\frac{\lambda'}{\lambda} = \frac{T'}{T} = 1 + \frac{V}{c}$$

该推理同样适用于光源正朝观测者方向靠近的情况，只有一种情况例外，即当 V 由 $-V$ 取代时（该推理同样也适用于除光波以外的任何一种波信号）。

例如，室女座星系群正以 1 000 千米 / 秒左右的速度远离我们的星系。光速约为 300 000 千米 / 秒。因此，室女座星系上任何光谱线的波长 λ' 都比其正常值 λ 大，两个值之间的差值比率为：

$$\frac{\lambda'}{\lambda}=1+\frac{1\,000\ \mathrm{km/s}}{300\,000\ \mathrm{km/s}}=1.003\,3$$

注释 2　临界密度

假设星系的球体半径为 R（为便于计算，我们应假设 R 大于星系群之间的距离，但小于任何一个能够将宇宙视为整体的距离）。该球体质量为体积乘以宇宙质量密度 ρ：

$$M=\frac{4\pi R^3}{3}\rho$$

牛顿的引力理论为该球体表面提供任何典型星系的势能：

$$P.E.=-\frac{mMG}{R}=-\frac{4\pi mR^2 pG}{3}$$

其中，m 为星系质量，G 为牛顿的引力常数：

$$G=6.67\times10^{-8}\,\mathrm{cm^3/(g\cdot s^2)}$$

该星系的速度可以通过哈勃定律得出：

$$V=HR$$

其中，H 为哈勃常数。因此，其动能可由以下方程式得出：

$$K.E.=\frac{1}{2}mV^2=\frac{1}{2}mH^2R^2$$

星系的总能量为动能与势能之和，即

$$E=P.E.+K.E.=mR^2\left[\frac{1}{2}H^2-\frac{4}{3}\pi\rho G\right]$$

当宇宙膨胀时，该数量必须保持不变。

如果 E 为负数，那么星系永远无法逃离至无穷空间，因此，在极遥远的距离，势能可以忽略不计，在这种情况下，总能量刚好为动能，也就是说，总能量永远为正数。另一方面，如果 E 为正数，那么，星系可以到达无穷空间，残留下某些动能。因此，只有 E 消失，才能使星系恰好到达几乎无法逃离的速度，可以通过以下方程式得出，即

$$\frac{1}{2}H^2=\frac{4}{3}\pi\rho G$$

换句话说，密度值应为：

$$\rho_c=\frac{3H^2}{8\pi G}$$

这就是临界密度（尽管在这里，已经通过牛顿物理原理得出该结果，但实际上甚至在宇宙组分高度相对的情况下，该数值也是有效的，假设 ρ 为总能量密度除以 c^2 得出的数值）。

例如，如果我们基于目前经常使用的 H 数值来进行计算，同时也请记住，一光年相当于 9.46×10^{12} 千米，那么我们可以得出：

$$\rho_c=\frac{3}{8\pi\ [6.67\times10^{-8}\mathrm{cm}^3/(\mathrm{g}\cdot\mathrm{s}^2)]}\left(\frac{15\ \mathrm{km}\cdot\mathrm{s}^{-1}/10^6\ \mathrm{lt\ yrs}}{9.46\times10^{12}\ \mathrm{km/lt\ yr}}\right)^2$$

$=4.5\times10^{-30}\text{g/cm}^3$
每克有 6.02×10^{23} 个核粒子，因此临界密度当前值相当于每立方厘米约 2.7×10^{-8} 个核粒子，或每升 0.002 7 个粒子。

注释 3　膨胀时间尺度

现在思考一下宇宙参数如何随时间而改变的问题。假设在时间 t 上，一个典型星系在距任何一个中心星系，如我们的星系的距离为 $R(t)$ 的位置处，其质量为 m。在上一个数学注释中，我们已经看到，该星系的总能量（动能加势能）为：

$$E=mR^2(t)\left[\frac{1}{2}H^2(t)-\frac{4}{3}\pi\rho(t)G\right]$$

其中，$H(t)$ 和 $\rho(t)$ 为在时间 t 上的哈勃“参数”值和宇宙质量密度值。它们必须是真常数。然而，我们在下文中会发现，$\rho(t)$ 会随着 $R(t)\to0$ 而增加，其增加幅度至少为 $1/R^3(t)$，因此，$\rho(t)R^2(t)$ 也会增加，其增加幅度至少为 $1/R(t)$，因为 $R(t)$ 会逐渐变为零。为了使能量 E 保持不变，括号中的两项几乎可以不计，因此，如果 $R(t)\to0$，我们可以得出：

$$\frac{1}{2}H^2(t)\to\frac{4}{3}\pi\rho(t)G$$

特征膨胀时间刚好为哈勃常数的倒数，或

$$t_{\exp}(t)\equiv\frac{1}{H(t)}=\sqrt{\frac{3}{8\pi\rho(t)G}}$$

例如，在第 5 章所提到的第一个画面中，当时，质量

密度为 $3.8\times10^9\,\mathrm{g/cm^3}$。因此，当时的膨胀时间为：

$$t_{\exp}=\sqrt{\frac{3}{8\pi(3.8\times10^9\,\mathrm{g/cm^3})[6.67\times10^{-8}\,\mathrm{cm^3/(g\cdot s^2)}]}}=0.022\ \mathrm{s}$$

现在，$\rho(t)$ 是如何随 $R(t)$ 变化的呢？如果质量密度由核粒子的质量密度决定（在以物质为主导的时期），那么，在同一球面半径范围内的总质量刚好与球面范围内的核粒子数成正比，需保持不变：

$$\frac{4\pi}{3}\rho(t)R(t)^3=\text{常数}$$

因此，$\rho(t)$ 与 $R(t)^3$ 成反比，即

$$\rho(t)\propto\frac{1}{R(t)^3}$$

（符号∝表示“与……成正比”）另一方面，如果质量密度由相当于辐射能量的质量决定(在以辐射为主导的时期)，那么，$\rho(t)$ 与温度的四次方成正比。但温度会发生变化，如 $1/R(t)$，因此 $\rho(t)$ 与 $R(t)^4$ 成反比，即

$$\rho(t)\propto\frac{1}{R(t)^4}$$

为了能够同时考虑以物质为主导的时期和以辐射为主导的时期，我们可以通过以下方式书写这些结果：

$$\rho(t)\propto\left[\frac{1}{R(t)}\right]^n$$

其中，

$$n=\begin{cases}3 & \text{以物质为主导的时期}\\ 4 & \text{以辐射为主导的时期}\end{cases}$$

顺便提一句，应注意，如果$R(t)\to 0$，那$\rho(t)$的确会爆炸，爆炸速度至少为$1/R(t)^3$。

哈勃常数与$\sqrt{\rho}$成正比，因此：

$$H(t)\propto\left[\frac{1}{R(t)}\right]^{\frac{n}{2}}$$

但典型星系的速度为：

$$V(t)=H(t)R(t)\propto\left[R(t)\right]^{1-\frac{n}{2}}$$

这是一个微分学的基本结果，当速度与距离的几次方成正比时，从一点到另一点所需的时间与距离与速度之间比率的变化成正比。确切地说，如果V与$R^{1-n/2}$成正比，那么这个关系式可表达为：

$$t_1-t_2=\frac{2}{n}\left[\frac{R(t_1)}{V(t_1)}-\frac{R(t_2)}{V(t_2)}\right]$$

或

$$t_1-t_2=\frac{2}{n}\left[\frac{1}{H(t_1)}-\frac{1}{H(t_2)}\right]$$

$H(t)$可以通过$\rho(t)$来表示，我们会发现：

$$t_1-t_2=\frac{2}{n}\sqrt{\frac{3}{8\pi G}}\left[\frac{1}{\sqrt{\rho(t_1)}}-\frac{1}{\sqrt{\rho(t_2)}}\right]$$

因此，不管n为何值，所消逝的时间与能量密度平方根的倒数差成正比。

例如，在整个以辐射为主导的时期，当电子和正电子被湮灭之后，可以通过以下方式得出能量密度为：

$$\rho=1.22\times 10^{-35}[T(\mathrm{K})]^4\ \mathrm{g/cm^3}$$

（参见数学注释 6）另外，在这里，n=4。因此，宇宙从 1 亿度冷却至 1 000 万度所需的时间为：

$$t=\frac{1}{2}\sqrt{\frac{3}{8\pi[6.67\times10^{-8}\,\mathrm{cm^3/(g\cdot s)}]}}\times\left[\frac{1}{\sqrt{1.22\times10^{-35}\times10^{28}\,\mathrm{g/cm^3}}}-\frac{1}{\sqrt{1.22\times10^{-35}\times10^{32}\,\mathrm{g/cm^3}}}\right]$$

$$=1.90\times10^{6}\,\mathrm{s}=0.06\text{ 年}$$

我们也可以用更简单的方式来表达一般结果，即密度从远大于 ρ 的数值降至 ρ 值所需的时间为：

$$t=\frac{2}{n}\sqrt{\frac{3}{8\pi G\rho}}=\begin{cases}\frac{1}{2}t_{\mathrm{exp}} & \text{以辐射为主导}\\ \frac{2}{3}t_{\mathrm{exp}} & \text{以物质为主导}\end{cases}$$

（如果 $\rho(t_2) >> \rho(t_1)$，我们可以忽略不计 t_1-t_2 公式中的第 2 项。）例如，在 3 000 K 温度条件下，光子和中微子的质量密度为：

$$\rho=1.22\times10^{-35}\times[3\,000]^4\,\mathrm{g/cm^3}$$
$$=9.9\times10^{-22}\,\mathrm{g/cm^3}$$

这要远小于在 10^8 K（或 10^7 K，或 10^6 K）温度条件下的密度，我们可以通过简单的计算，得出宇宙从早期温度冷却至 3 000 K 所需的时间，即

$$\frac{1}{2}\sqrt{\frac{3}{8\pi[6.67\times10^{-8}\,\mathrm{cm^3/(g\cdot s^2)}](9.9\times10^{-22}\,\mathrm{g/cm^3})}}$$

$$=2.1\times10^{13}\,\mathrm{s}=680\,000\text{ 年}$$

我们已经看到，宇宙密度从远大于 ρ 的数值降至 ρ 值

所需的时间与 $1/\sqrt{\rho}$ 成正比，而密度 ρ 与 $1/R^n$ 成正比。因此，时间与 $1/R^{n/2}$ 成正比，或换句话说，

$$R \propto t^{\frac{2}{n}} = \begin{cases} t^{\frac{1}{2}} & \text{以辐射为主导的时期} \\ t^{\frac{2}{3}} & \text{以物质为主导的时期} \end{cases}$$

该数值一直有效，直到动能和势能都大幅度降低，可以与其总和，即总能量相比较。

正如我们在第 2 章中所论述的，在宇宙起源之后的任何时间 t，如果超过距离级 ct 的视界，则无法接收任何信息。现在，我们发现，如果 $t \to 0$，那 $R(t)$ 的消失速度比到视界的距离慢，因此，在非常早的时期，任何特定的“典型”粒子都会超出视界之外。

注释 4　黑体辐射

普朗克分布给出了在狭义的波长范围，即从 λ 到 $\lambda + d\lambda$ 范围内，每单位体积的黑体辐射能量 du，如下：

$$du = \frac{8\pi hc}{\lambda^5} d\lambda \Big/ \left[e^{\left(\frac{hc}{kT\lambda}\right)} - 1\right]$$

式中　T——温度；

k——玻尔兹曼常数（1.38×10^{-16} 尔格 / 开）；

c——光速（299 729 千米 / 秒）；

e——数值常数 2.718…；

h——普朗克常数（6.625×10^{-27} 尔格 / 秒），马克斯·普朗克初次将其作为要素加入该公式。

如果波长为长波长，那么，可以通过以下方程式得出

普朗克分布中分母的近似值为：

$$e^{\left(\frac{hc}{kT\lambda}\right)}-1 \backsimeq \left(\frac{hc}{kT\lambda}\right)$$

因此，在这一波长区域，普朗克分布给出

$$du=\frac{8\pi kT}{\lambda^4}d\lambda$$

这就是瑞利－琼斯公式。如果该公式适用于任意短波长，那么，当 $\lambda \to 0$ 时，$du/d\lambda$ 则变成无穷，黑体辐射中的总能量密度也会变成无穷。

幸运的是，对于 du 而言，普朗克公式在波长为：

$$\lambda=0.201\,405\,2\,hc/kT$$

时达到最大值，随后，当波长减小时，普朗克公式锐减。黑体辐射中的总能量密度可用积分表示为：

$$u=\int_0^\infty \frac{8\pi hc}{\lambda^5}d\lambda \Big/ \left[e^{\left(\frac{hc}{kT\lambda}\right)}-1\right]$$

这种积分可参考定积分标准表格；得出的结果为：

$$u=\frac{8\pi^5(kT)^4}{15(hc)^3}=7.564\,64\times10^{-15}\ [T(\mathrm{K})]^4\ \mathrm{erg/cm^3}$$

这就是斯蒂芬－玻尔兹曼定律。

通过光量子或光子量子，我们可以很容易地解释普朗克分布。可以通过以下公式得出每个光子的能量，即

$$E=\frac{hc}{\lambda}$$

因此，在狭义的波长范围，即从 λ 到 $\lambda+d\lambda$ 范围内，黑体辐射中每单位体积的光子数 dN 为：

$$dN=\frac{du}{hc/\lambda}=\frac{8\pi}{\lambda^4}d\lambda\Big/[e^{\left(\frac{hc}{kT\lambda}\right)}-1]$$

每单位体积的光子数总量为：

$$N=\int_0^\infty dN=60.421\ 98\left(\frac{KT}{hc}\right)^3=20.28[T(\mathrm{K})]^3\text{photons /cm}^3$$

平均光子能量为：

$$E_{平均}=u/N=3.73\times10^{-16}\ [T(\mathrm{K})]\text{ergs}$$

现在，让我们思考一下在正在膨胀的宇宙中，黑体辐射发生了什么。假设宇宙规模变化因数为 f；例如，如果宇宙规模翻倍，那么，f=2。正如我们在第 2 章中所看到的，波长变化与宇宙规模成正比

$$\lambda'=f\lambda$$

在宇宙膨胀之后，在新的波长 λ' 到 $\lambda'+d\lambda'$ 范围内，能量密度 du' 比在之前的波长 λ 到 $\lambda+d\lambda$ 范围内的初始能量密度 du 要小，理由如下：

①因为宇宙体积增加因数为 f^3，只要没有光子被创造出来或被毁灭，那么每单位体积光子数的减少因数为 $1/f^3$。

②每个光子的能量都与其波长成反比，因此，其减少因数为 $1/f$。能量密度减小的综合因数为 $1/f^3$ 与 $1/f$ 的乘积，或 $1/f^4$：

$$du'=\frac{1}{f^4}du=\frac{8\pi hc}{\lambda^5f^4}d\lambda\ /\ [\mathrm{e}^{\left(\frac{hc}{kT\lambda}\right)}-1]$$

如果我们根据新的波长 λ' 重新书写该公式，则应为：

$$du'=\frac{8\pi hc}{\lambda'^5}d\lambda'\ /\ [\mathrm{e}^{\left(\frac{hcf}{kT\lambda}\right)}-1]$$

但是，这与之前的公式，即根据 λ 和 $d\lambda$ 表达 du 完全相同，只不过 T 被一个新的温度所取代，即

$$T'=T/f$$

因此，我们得出结论，即自由膨胀的黑体辐射可由普朗克公式一直描述下去，但温度的降低必须与膨胀规模成反比。

注释 5　琼斯质量

为了确保物质团能够形成重力相系系统，其重力势能需大于其内部热能。半径为 r，质量为 M 的物质团的重力势能为：

$$P.E. \approx -\frac{GM^2}{r}$$

每单位体积的内能与压力 p 成正比，因此总内能为：

$$I.E. \approx pr^3$$

因此，应首先支持重力凝结，如果

$$\frac{GM^2}{r} >> pr^3$$

但如果密度 ρ 是规定值，我们可以通过 M 表达 r：

$$M=\frac{4\pi}{3}\cdot\rho r^3$$

因此，重力凝结的条件应为：

$$GM^2 >> p\left(M/\rho\right)^{\frac{4}{3}}$$

或换句话说

$$M >> M_J$$

其中，M_J 为（在非必要数值因数范围内）数量，被称为琼斯质量：

$$M_J = \frac{p^{\frac{3}{2}}}{G^{\frac{3}{2}}\rho^2}$$

例如，刚好在氢重新结合之前，质量密度为 9.9×10^{-22} 克/立方厘米（参见数学注释 3），压力为：

$$p \approx \frac{1}{3} c^2 \rho = 0.3\ \text{g/（cm·s}^2\text{）}$$

因此，琼斯质量为：

$$M_J = \left[\frac{0.3\ \text{g/（cm·s}^2\text{）}}{6.67 \times 10^{-8}\ \text{cm}^3\text{/（g·s}^2\text{）}}\right]^{\frac{3}{2}} \left(\frac{1}{9.9 \times 10^{-22}\ \text{g/cm}^3}\right)^2$$

$$= 9.7 \times 10^{51}\ \text{g} = 5 \times 10^{18}\ M_\odot$$

其中，$M_\odot$ 为太阳质量（相对比，我们的星系的质量约为 $10^{11}\ M_\odot$）。再结合之后，压力下降，降低因数为 10^9，因此，琼斯质量降为：

$$M_J = (10^{-9})^{\frac{3}{2}} \times 5 \times 10^{18} M_\odot = 1.6 \times 10^5 M_\odot$$

这与我们的星系中较大的球状群的质量大致相同，这是一个非常有趣的现象。

注释 6　中微子温度和密度

只要保持热平衡，“熵”数量总值则保持不变。我们出于方便考虑，每单位体积的熵 S 在温度 T 条件下的近似值取为：

$$S \propto N_T T^3$$

其中，N_T 为处于热平衡状态，且阈值温度低于 T 的条件下的粒子种类的有效数量。为了使总熵常数保持不变，S 必

须与宇宙规模的反立方成正比。也就是说，如果 R 是任何一对典型粒子的分离系数，那么

$$SR^3 \propto N_T T^3 R^3 = \text{常数}$$

刚好在电子和正电子湮灭之前（约为 5×10^9 K），中微子和反中微子已经与宇宙的剩余部分脱离热平衡状态，因此，处于平衡状态的丰富粒子仅剩下电子、正电子和光子。参考附表 1.1，我们可以看到，在湮灭之前的粒子种类的有效总数量为：

$$N_{\text{之前}} = \frac{7}{2} + 2 = \frac{11}{2}$$

另一方面，如第 4 个画面所述，在电子和正电子湮灭之后，处于平衡状态的丰富粒子仅剩下光子。因此，粒子种类的有效数量为：

$$N_{\text{之后}} = 2$$

根据熵守恒定律

$$\frac{11}{2}(TR)^3_{\text{之前}} = 2(TR)^3_{\text{之后}}$$

也就是说，在电子和正电子湮灭过程中所产生的热使 TR 数量增加，增加因数为：

$$\frac{(TR)_{\text{之后}}}{(TR)_{\text{之前}}} = \left(\frac{11}{4}\right)^{\frac{1}{3}} = 1.401$$

在电子和正电子湮灭之前，中微子温度 T_v 与光子温度 T 相同。但自那之后，T_v 开始降低，降低幅度为 $1/R$，因此，在接下来的时间内，T_vR 等于湮灭之前的 TR 数值：

$$(T_{\nu}R)_{之后}=(T_{\nu}R)_{之前}=(TR)_{之前}$$

因此，我们得出结论，即在湮灭过程结束之后，光子温度比中微子温度要高，高出的温度因数为：

$$(T/T_{\nu})_{之后}=\frac{(TR)_{之后}}{(T_{\nu}R)_{之后}}=\left(\frac{11}{4}\right)^{\frac{1}{3}}=1.401$$

即使不处于热平衡状态，中微子和反中微子所提供的能量密度仍是宇宙能量密度的重要组成成分。中微子和反中微子种类的有效数量为 7/2，或光子种类有效数量的 7/4（有两种光子处于自旋状态）。另一方面，中微子温度的四次方比光子温度的四次方小（4/11）$^{4/3}$。因此，中微子和反中微子的能量密度与光子的能量密度之间的比率为：

$$\frac{u_{\nu}}{u_{\gamma}}=\frac{7}{4}\left(\frac{4}{11}\right)^{\frac{4}{3}}=0.454\ 2$$

根据斯蒂芬 - 玻尔兹曼定律（参见第 3 章），我们得出，在光子温度 T 的条件下，光子的能量密度为：

$$u_{\gamma}=7.564\ 1\times10^{-15}\ \mathrm{erg/cm^3}[T(\mathrm{K})]^4$$

因此，在电子 - 正电子湮灭之后，总能量密度为：

$$u=u_{\nu}+u_{\gamma}=1.454\ 2u_{\gamma}=1.100\times10^{-14}\ \mathrm{erg/cm^3}[T(\mathrm{K})]^4$$

除以光速的平方，我们可以将它转换为等效的质量密度：

$$\rho=u/c^2=1.22\times10^{-35}\mathrm{g/cm^3}\times[T(\mathrm{K})]^4$$

后记

在《最初三分钟》首次出版后的 16 年里，宇宙又膨胀了亿分之十三，也可能是只膨胀了亿分之六点五。这两个数值之间的差额反映出，我们一直无法确定宇宙的膨胀速度。正如我们在第 2 章中所讨论的那样，宇宙的膨胀速度是根据宇宙学的一个关键数值指数（即哈勃常数）来表示的，而哈勃常数是通过观测遥远星系在距离越来越远时增速的速度来测量的。随着时间的推移，天文学家们声称在测量哈勃常数时，准确性越来越高，但遗憾的是，他们的测量结果仍不尽相同，且不相同的地方比他们所称的不确定性要大。一组测量得出的数值是，距离的增加约为 326 万光年，而另一组测量得出的数值大约为 163 万光年。在宇宙膨胀速度方面，我们面对的是系数为 2 的不确定性。

问题不在于确定遥远星系的速度——通过测量遥远星系的光谱线向光谱的红端偏移，可以相对容易地确定其速度。如一直以来的那样，问题在于测量遥远星系的距离。过去，测量星系距离的方法如下，通过观测认为具有相同内在光度的某些类物体，如一种特定类型星系中最明亮的恒星或球状星团，或某些类超新星——并且使用它们所观测到的视光度来推断其距离。它们看起来越暗淡，就说明距离越远。近年来，这些方法已越来越多地被整个星系的特性研究方法所补充，即将特殊星系的内在光度与其所观测到的内部特性（如星系内部的恒星和气体云的速度）联系起来。另外，超新星的视界大小也被用来推断它们所发生于其中的星系的距离。尽管如此，所获得的哈勃常数的结果仍不一致。人们曾希望通过哈勃空间望远镜——一种大型卫星运载天文仪器所观测到的结果能够解决这一传统问题。但遗憾的是，尽管通过这个望远镜获得了很多有价值的东西，但它本身具有的显著问题，如振动过大、镜面变形等，妨碍了对星系距离的最终测量。

尽管存在这些困难，关于我们宇宙的标准“大爆炸”理论，还是得到了越来越多的认可。一方面，现在已有更多证据来支持宇宙学原理，在第 2 章中所讨论的关键假设便为标准宇宙学理论奠定了基础。根据这个假设，平均而言在足够远的距离内，宇宙中的物质分布是均衡的（即均匀的和各向同性的）。曾有一段时间，在星系分布中发现的“巨大”不均匀现象似乎越来越多——巨大墙壁、巨大空洞、巨大吸引物等。但现在，平均而言在足够远的距离内，即在相当于相对速度约为 40 000 千米 / 秒的距离内，宇宙中的星系分布确实是均匀的（对 326 万光年的哈勃常数来说，这个距离为 500 百万秒差距，或大约 15 亿光年）。更多用来支持宇宙学原理的证据如下，如果高能宇宙 X 射线来自比 500 百万秒差距更远的距离，那该射线强度在各个方向上似乎都是相同的。

但对“大爆炸”宇宙学的最有力支持，来自 1965 年发现的宇宙微波背景辐射的测量结果。近来，这些测量结果又得到了极大的完善。正如在第 3 章所讨论的那样，如果宇宙微波背景辐射的确是从早期宇宙中残留下来的辐射，那么，其强度对辐射波长的依赖性就应符合一个著名的分布定律——如图 3.5 所示，这一定律控制着由不透明（“黑”）的加热体所释放的各种波长的辐射强度。自 1965 年以来，不时有报告称，发现了与如图 3.5 所示的严格的黑体分布定律相背离的情况，但没有人能够说明这些异常情况确实是宇宙学上的，还是仅仅是来自地球大气的辐射效应。随后，在 1989 年 11 月 18 日，德尔塔火箭将宇宙背景探测器（COBE）卫星发射到大气层上空的轨道（在第 3 章中我曾报告说，就在 1977 年《最初三分钟》刚刚付印的时候，我收到了《宇宙背景探测器卫星简讯》第一期，它宣布了有关该卫星的计划。该项目历时超过 12 年，它的确值得我们等待这么长的时间）。在卫星进入轨道后的最初 8 分钟的时间里，卫星上的一个微波辐射仪器测量发现，各个波长的宇宙微波背景辐射的强度，适应黑体分布的程度好于千分之一，温度为 2.735 K（即绝对零度以上 2.735 摄氏度）。在过去 20 余年中不时报告的稍微背离黑体分布的情况显然是不存在的。现在，理论和实验结果如此一致，我们可以有把握地说，这个辐射的确是“大爆炸”后大约 100 万年的某个时间里残留下来的，当时，宇宙正首次变得越来越易于被辐射穿透。

COBE 上的微波辐射仪器使用液态氦来校准辐射温度的测量结果，就像最初发现微波背景辐射时使用的“冷负载”一样（参见第 7 章）。然而，COBE 上的液态氦挥发得太快，因此，我们还无法通过 COBE 的测量结果来进一步完善我们所掌握的微波背景辐射温度的知识。但测量来自天空各个方向的辐射温度的差值却不需要液态氦，液态氦挥发完毕后，COBE 上的测量活动仍将继续。

实际上，测量微波辐射温度随空中方向而变化的情况，比测量温度本身更令人兴奋。20 世纪 60 年代，人们在地面上进行的早期测量显示，辐射温度几乎一致——其中一个迹象说明辐射来自整个宇宙，而非地球或我们的星系。后来，1977 年，伯克利的一个小组使用一架 U2 飞机发现了一种轻微的各向异性，如果我们的太阳系正以每秒几百千米的速度运行，那各向异性就应该是这种情况——在我们正在运行的方向上温度稍高，而在我们刚刚来过的方向上温度稍低，但没有人能够找到辐射本身所固有的任何各向异性。

随着时间的推移，这开始令人感到不安。毕竟，宇宙不是一种完全平衡的流体，而是充满了块状的星系和星系团。这些通过引力凝聚在一起的结构一定是在引力的影响下，从宇宙首次变得可穿透时所存在的不够紧密的结构基础上发展而来，这些新生星系和星系团的引力场一定会在微波背景辐射上产生某些波动。

最后，1992 年 4 月，参与 COBE 项目的科学家宣布，他们已经探测到微波背景辐射存在轻微的不均匀。平均而言，在 7° ~ 180° 的所有角尺度范围内，该辐射温度在空中各点的变化差异约为一开尔文的百万分之三十，这一结果后来得到了气球运载仪器测量结果的证实。科学家认为微波背景辐射的这些波动是由于宇宙刚刚变得可为辐射所穿透时——宇宙开始膨胀后大约 100 万年，所存在的物质团的引力场效应所产生的（尽管有些理论家认为，辐射温度的确有可能发生变化，至少在部分程度上，这种变化是由更早时候所产生的引力波造成的）。但能够产生波动的块并不是新生星系或星系团——它们太大了。为了观察星系和星系团的开端，须测量在远小于 7° 的角尺度上微波背景辐射随角度的变化。这样的测量在通过气球所携带的微波天线或坐落在南极的微波天线有序地进行,那里海拔高、空气干燥，是在地面上进行观测的近乎理想的环境。

遗憾的是，我们仍无法确定星系形成理论。这并不足为怪，因为我们仍无法确定星系是由什么组成的。如果星系质量大多包含在发光的恒星中，那它的大部分应包含在星系极明亮的中心区，在这一区域之外的恒星所感受到的引力吸引力会随着与星系中心距离的反平方而减弱，就像沿轨道运行的行星所感受到的太阳的引力吸引力一样。在这种情况下，在星系中心周围轨道中的恒星和气体云的速度，会随着与中心距离的反平方而减弱，就像我们的太阳系中的行星速度那样。但旋涡星系的观测结果显示，在非常远的距离之外，这些速度大致保持不变，说明星系质量并不集中在光源的中心，而是大部分以不可见的“暗物质”的形式包含在巨大的晕中。

为便利起见，我们可以用刚刚不足以最终阻止并扭转宇宙膨胀的“临界质量”（如果哈勃常数为 326 万光年，该临界质量为 10^{-29} 克 / 立方厘米；参见书后数学注释 2）的分数来表示宇宙中各种形式的物质数量。旋涡星系的旋转说明星系中拥有 3% ~ 10% 的临界质量，而对巨大星系团中的星系运动的观测结果可以给出质量与光度之间的比率，如果它为所有星系的典型比率，则说明与星系相关的物质提供了 10% ~ 30% 的临界质量。近来，通过红外辐射天文卫星对星系运动所做的一项调查显示，总质量密度比临界值大 40% 左右。

“暗物质”并不是由普通的发光恒星组成的，有证据显示，它甚至也不以组成普通原子的原子粒子——质子、中子和电子——的形式存在。正如我们在第 5 章所看到的那样，在“大爆炸”最初几分钟产生轻元素的核反应，受这些原子粒子与当时存在的光子（光粒子）数量之间的比率的影响。如果原子粒子和光子之间的比率相对较高，则将氢转化成氦的核反应就会一直进行下去，直到基本结束为止，从而减少以结合不太紧密的轻元素的形式残留下来的物质数量，如氘或锂的数量。据认为，这些轻元素不是在恒星中生成的，因此，根据它们当前的丰度测量结果，我们可以得知在最初几分钟内原子粒子和光子之间的大致比率。但这一比率自那时起并未发生明显的变化，因此，能够在某种程度上推断其当前值，从而（我们已知宇宙微波背景辐射中每立方厘米的光子数）在某种程度上推断原子粒子当前的大致丰度。由于关于氦和氘丰度的早期数据被关于锂同位素（Li-7）的丰度的重要信息所补充，这种方法在 20 世纪 80 年代有了更深刻的意义。因此，我们现在可以有些把握地说，如果哈勃常数为 326 万光年，普通物质提供了 2.3% ~ 4% 的临界质量；如果哈勃常数为 163 万光年，普通物质则提供了 9% ~ 16% 的临界质量。

顺便说一句，在早期宇宙中所产生的轻元素的数量也取决于中微子类别的数量：中微子类别越多，宇宙膨胀越快，因此，被转化成氦的原始氢的数量就越大。20 世纪 70 年代，粒子物理学家就已作出猜测，认为存在 3 种中微子，这个猜测成功地应用于“大爆炸”核合成的计算中，并在某种程度上得到了证实。随后，日内瓦欧洲原子核研究组织的实验室就 Z^0 粒子的衰变进行的实验最终显示：确实只存在 3 种类别的中微子。

这些关于轻元素丰度的计算和测量具有重要意义，它超出了确定宇宙质量密度的问题范围。利用单一的自由参数，即原子粒子与光子之间的比率看似合理的选择，不仅有可能解释所观测到的普通氢和氦的当前丰度，也有可能解释所观测到的同位素 H-2、He-3 和 Li-7 的当前丰度，这一点的确令人激动。这不仅是现代宇宙学理论取得的最重要的定量成就，还是最强有力的证据，说明我们对宇宙最初几分钟的历史确实是有所认识的。

长期以来，人们一直希望可以根据基本原理计算宇宙中的原子粒子和光子数之间的比率。在很早很早的时候，宇宙非常热，每种粒子都很丰富，且假设其数量与相应的反粒子数量相同。如果大自然法则在物质和反物质之间完全对称，或者，如果已知重子数和轻子数的量完全守恒（参见第 4 章），那粒子和反粒子的数量仍相等，这与观测结果相矛盾。另外，几乎所有质子、中子和电子以及反质子、反中子和反电子现在都已湮灭——光子和中微子除外，几乎所剩无几。但在 1964 年进行的基本粒子衰变实验说明大自然法则在物质和反物质之间并不是完全对称的。另外，现代基本粒子相互作用理论提出了各种机制，这些机制能够打破重子数和轻子数的严格守恒。因此，在早期宇宙中，粒子和反粒子碰撞有可能使残留下来的物质比反物质多，由于没有反物质来湮灭它，物质可以存活至今（我们所掌握的知识还不足以排除这个可能性，即存活下来的是反物质而不是物质，但在这种情况下，反地球上的反物理学家自然而然地会将其称为物质，而不是反物质）。由于违反大自然法则中物质和反物质之间对称的情况极少，也由于重子数和轻子数几乎守恒，残留下来的原子粒子数和光子数之间的比率也会很小，这与当今宇宙中的这一比率为十亿分之一至百亿分之一的观测结果相一致。

遗憾的是，计算这一比率的准确值并非易事。当 20 世纪 70 年代末首次掀起研究这些想法的热潮时，人们普遍假设违反重子和轻子守恒的情况在很早时就发生过，当时，宇宙温度大约为 10^{28} K（1 000 万亿亿开尔文）。近期，越来越多的研究表明，弱相互作用和电磁相互作用理论中提出的微妙效应有可能使物质比反物质多。在我们能够填补当前关于弱相互作用和电磁相互作用认识方面的空白之前，很难就此得出确定的结论。我们希望通过新的加速器，如正在得克萨斯州建设的超导超级对撞机（SSC）或为欧洲核子研究组织筹建的大型强子对撞机（LHC），获得这种信息。

数十年来，许多天文学家和物理学家一直怀疑，宇宙的质量密度是否恰好处于临界值。这种争论实际上是从美学意义上进行探讨的。当宇宙膨胀时，其质量密度与临界值之间的比率会随着时间而变化；在所有这些情况下，它开始时都接近 100%，如果最初小于 100%，则会减少，如果最初大于 100%，则会增加。然而现在，自“大爆炸”发生以来，已经过去几十亿年了，所测量到的质量密度仍处于临界值为 10 的系数范围内。这只有在当最初（即最初几秒）的质量密度不可思议地接近临界值时才有可能发生。让人难以理解的是，为什么质量密度是这样一个数值，除非它一直恰好处于临界值上。

判断宇宙是否具有临界质量密度的一种方法是测量宇宙膨胀减慢的速度。从原则上讲，我们可以使用与测量哈勃常数相同的方法来测量该速度，即通过观测遥远星系的速度如何随距离的拉远而增加来进行测量（见图 2.1）。这里的问题与半个世纪前遇到的问题相同：只能通过研究遥远星系的距离来测量宇宙膨胀的减速度，这些星系的距离非常远，以至于当我们能看到所发射的光时，宇宙膨胀速度已明显减慢。但由于我们所看到的这些极遥远星系在很久之前就存在，其固有光度也许与根据较近星系研究结果所进行的推断相距甚远。因此，我们无法使用视光度来推断距离。然而，星系实际尺寸的变化有可能小于其光度的变化，因此，通过观测视大小来测量距离，比通过观测视光度来测量距离更为可靠。在 1992 年进行的一项此类调查研究说明，宇宙膨胀的减慢速度接近宇宙在具有临界值的情况下可能表现出来的速度。

如果宇宙质量的确处于临界值上，那它就不可能表现为普通物质，而又不打破在最初几分钟内轻元素数量的计算结果与这些元素当前丰度的观测结果之间的一致性。实际上，不管宇宙质量是否处于临界值，它都有可能大于“大爆炸”核合成的计算结果所允许的普通物质的最高值。宇宙质量究竟是由什么组成的？在 20 世纪七八十年代，人们普遍猜测，失踪的质量有可能存在于非常轻却又并非完全没有质量的中微子中。正如第 4 章所讨论的那样，中微子当前的丰度与光子当前的丰度大致相同，很容易就能计算得出，如果中微子质量约为 20 电子伏（即约为一个电子质量的四千万分之一），那它们就会提供整个临界质量。但近来的核 β 衰变实验指出，即使中微子质量不为零，也会小得多。

失踪的质量有可能存在于这样的粒子中，即比假设具有 20 电子伏的中微子重得多，但丰度也少得多的粒子。然而无论多重，在宇宙早期，温度还非常高时，任何一种粒子及相应的反粒子都很丰富。随着宇宙膨胀并逐渐冷却，最重的粒子和反粒子会被湮灭，直到它们变得极其罕见，再也无法找到彼此来湮灭。如果稳定，那么剩余的未被湮灭的粒子和反粒子仍会存活至今。如果我们已知任何一种粒子的质量及其与反粒子的湮灭速度，就能计算得出存活至今的粒子和反粒子的数量，以及它们对于当前宇宙质量的贡献。近年来，粒子物理学家已对各种重粒子作出了推测。目前，最大的可能性是，失踪的质量由稳定的粒子，即光微子粒子组成，其质量为 10 ～ 10 000 个光子的质量，其湮灭速度减慢，这是被称为超级对称的基本粒子的假设对称所需具备的前提。现在，有人正在进行实验，通过寻找与敏感感应器中的原子发生碰撞时所产生的效应寻找这些粒子。如果这些奇异的重粒子的确存在，那也许能够使用能量足够强大的新型加速器（如超导超级对撞机或大型强子对撞机）制造出这些重粒子。如果能使用超导超级对撞机或大型强子对撞机找到这些重粒子，那将给宇宙学和基本粒子物理学带来一场革命。

我应该提一下另一种流行的失踪质量的候选体——被称为轴子的粒子，这是 1977 年为解决粒子物理的某些问题而提出的假设。这些粒子从“大爆炸”残留下来后，其数量一定远远大于光子或中微子的数量，如果它们的质量大约为 10^{-5} 电子伏，那它们会提供临界质量密度。实验人员正计划研究寻找宇宙中的轴子，但迄今为止，还没有任何实验能够证明轴子确实存在。

但失踪质量仍有另一个候选体，它涉及虚空空间的一个特性。在任何一种场量子理论中，真空从电磁场和其他场所产生的连续量子波动中接收到大量能量。根据广义相对论，这个真空能量会产生一个引力场，该引力场相当于在整个空虚空间中分布不均匀的质量密度所产生的引力场。我们无法真正计算出该真空质量密度，因为我们的计算结果显示，能量最大的部分来自规模非常小的波动，在这些距离标度上，我们目前的引力理论是不可靠的。如果我们随意地只考虑规模非常大、使我们能够依赖已知理论的波动，那得到的真空质量密度会大于宇宙膨胀观测结果所容许的最大值（是临界值的 2 ~ 3 倍）。这个密度会大出大约 120 个数量级的系数：相当于 1 亿的 15 次方。如果我们能够认真考虑这个计算结果，那它毫无疑问是科学史上理论与实验之间最引人注目的数量上的不一致！

量子波动所产生的真空质量密度与爱因斯坦 1917 年在他的场方程式中引进的宇宙学常数项（在第 2 章中讨论过）的作用方式一样。当时，爱因斯坦一直想构建一个稳恒态宇宙模型，后来，当确定宇宙是不断膨胀的，而该项仍是一种逻辑上的可能性时，他又后悔引入了这个宇宙学常数。实际上，宇宙学常数是唯一项，既能加入引力场方程式，又不违反爱因斯坦所有坐标系的等效所提出的基本假设（在宇宙学距离上变得无足轻重的那些项除外）。认为宇宙学常数多余是远远不够的，我们在过去半个世纪进行的量子场理论实验说明，在场方程式中，有可能存在不为某种基本原理所禁止的任何项。

巨大真空质量密度的问题和场方程式中是否包括一个宇宙学常数的问题也许可互为答案。也就是说在场方程式中，也许有一个宇宙学常数，它的数值刚好约去了量子波动所产生的真空质量密度效应。但是，为了避免与天文学观测结果发生冲突，这种相约必须精确到小数点后至少120位。宇宙学常数究竟为何需要如此精确呢？

数十年来，理论物理学家一直致力研究这个问题，但却没有取得多大进展。有些自然常数是根据基本原理，参考其他常数确定的。其中，一个例子是里德伯常数，该常数提供了各种状态氢原子的能量，可以根据电子的质量和电荷以及普朗克量子力学常数计算得出。但没有人能够确定宇宙学常数的任何原理。在1983—1984年，人们认为在量子宇宙学的范围内，有可能解决宇宙学常数和真空质量密度的问题，这让人们激动不已。计算结果显示，宇宙也许不处于一个有着明确值的状态，因为无论自然常数如何，都不是由基本原理确定的，如（也许是）宇宙学常数。相反，似乎可以使用量子力学波函数来描述宇宙，这种函数包含许多项，每个项在这些常数上都有若干不同数值。当人类（或任何其他人）开始进行测量时，会发现自己处于一个自然常数有着确定值的状态，但却无法预测它们到底是什么样的数值，只能预测其概率。早期计算结果说明，这些概率在宇宙学常数上达到了一个峰值，一旦宇宙变得足够大、足够冷却，那么，这个峰值就刚好能够约去真空能量密度。但如果这个结论受到质疑，那么，在我们对如何将量子力学应用于整个宇宙有更深的了解之前，也许无法解决这个问题。

这件事情给我们留下了一个有益的教训。即使像宇宙学常数这样的概率分布也没有任何峰值，有人提出假设存在某种概率分布，它能决定我们找到这些常数具体值的可能性，这种假设也不无道理。无论分布的形式如何，智慧的观测者也许会发现，这些常数的数值范围有限，因为容许生命和智慧诞生并进化的数值范围是有限的。这一思想——自然常数的数值必须容许生命和智慧的存在——被称为人类原理。尽管这一原理还没有被科学家广泛接受，但量子宇宙学提供了一个环境，使它变得司空见惯。如果宇宙经过了几个阶段，或宇宙包含遥远区域，在那里，自然“常数”具有不同的数值，那么，从人类角度进行推理也是合情合理的。

这种从人类角度提出的论据并不适用于真空质量密度本身，或宇宙学常数本身，它仅仅适用于净真空质量密度，包括宇宙学常数的等效增量。宇宙引力场的来源就是净真空质量密度（与任何普通物质一起）。具体地讲，如果净宇宙质量密度远远大于当前的临界质量密度，且是负数，那么，宇宙的膨胀和收缩周期就会非常短，根本没有时间形成恒星，更不用说形成生命或智慧。如果净真空质量密度远远大于当前的临界质量密度，且是正数，那么，宇宙的膨胀会一直进行下去。然而，在早期宇宙中形成的任何物质团将被远程排斥力击碎，没有星系或恒星，生命就无处产生。因此，人类原理能够解释净真空质量密度为何不远远大于当前临界密度的原因。

这种推理方式真正让人感兴趣的地方是，如果人类原理有效，那它就不会要求真空质量密度消失，或甚至变得小于当前的临界密度。我们已知（根据遥远星体的红移），当宇宙比当前规模小6倍时，引力块就已经开始形成。那时，普通物质的密度比当前值大 6^3（或216）倍；因此，净真空质量密度不影响引力凝结的形成，除非它至少比普通物质的当前宇宙密度大100倍左右。如果真空质量密度较小，那有可能在后来对星系的形成产生影响，但如果净真空质量密度比普通物质的当前密度大10 ~ 20倍，那它会给星系的形成留下充足的时间。因此，人类原理无法解释为何真正的净真空质量密度比物质的当前质量密度（包括星系和星系团中存在的任何暗物质）小10 ~ 20倍。有没有这种可能：80% ~ 90%的临界质量来自真空，而其余的质量则由这种或那种普通物质（大多是暗物质）组成？

幸运的是，这个问题可以通过天文观测来解决。一方面，普通物质的质量密度和由量子真空波动和/或宇宙学常数所产生的质量密度之间有着重大区别：普通物质的密度会随着宇宙的膨胀而逐步减小，而真空质量密度则保持不变。这就是当我们在极遥远的距离观察时，我们所看到的东西有着巨大差别的原因，我们可以利用这些差别来区分临界密度是由普通物质组成的，还是由净真空质量密度组成的。

赞成真空质量密度较大的一个观点认为，它有助于解决哈勃常数测量值和恒星年龄之间的潜在冲突问题。如果宇宙的临界密度由普通物质组成，那么宇宙的年龄与哈勃常数成反比；如果哈勃常数为 326 万光年，那宇宙年龄约为 80 亿年，如果哈勃常数为 163 万光年，那宇宙年龄约为 160 亿年。但将所观测到的球状星团中恒星的颜色和光度与恒星演化的计算机计算结果进行比较，结果说明，这些恒星的年龄为 120 亿 ~ 180 亿岁。另外，关于各种放射性同位素丰度的研究显示，我们的星系年龄至少为 100 亿岁。如果证明哈勃常数接近当前所引用范围的较高值，那么，我们将面对一个悖论，即宇宙比最古老的恒星还要年轻。但如果我们反过来假设宇宙的质量密度主要来自真空质量密度，那么，它在过去的密度会更低。因此，宇宙的膨胀会较慢，对于任何特定的哈勃常数而言，宇宙的年龄会更大——大得足以消除与古老恒星年龄的冲突。

如果真空质量密度较大，那它还会影响处于各种红移状态或视光度的星系的计算；影响作为引力透镜作用的星系的计算（星系的引力场将更遥远物体的光聚集在同一条视线上）；影响星系的视大小随着红移所发生的变化。迄今为止，各种证据似乎都表明，真空对宇宙质量密度的增量作用不是很大，但现在作出结论还为时尚早。如果证明净真空质量密度的确比普通物质的当前密度小得多，那么，从人类角度解释宇宙学常数的数值就站不住脚了：从人类角度讲，我们无法解释为何净真空质量密度会如此之小。

在当前不断膨胀的宇宙中，不管净真空质量密度有多大，我们都有充分的理由相信存在一个更早的时期，当时，净真空质量密度非常大。这是因为（正如在第 7 章所讨论的那样），宇宙已在膨胀和冷却过程中经历了一系列宇宙相变，如当温度降至 0 摄氏度以下时水会结冰。在这些相变过程中，遍布“虚空”空间的各种场的数值突然发生了变化，随后，真空能量密度及其等效质量密度也发生了变化。如果这些场没有立即达到等效值，那么，真空的能量密度就会过量，从而推动宇宙迅速膨胀。

在 20 世纪 80 年代初期，理论学家开始表现出对这些相变的极大兴趣，并指出这种迅速膨胀会帮助解决若干长期未决的宇宙学问题。一方面，从 20 世纪 70 年代末开始人们就已知，早期相变会产生大量孤立的磁极，这与所观测到的存在于当今宇宙中的“单极”数量相互矛盾。膨胀会稀释单极数量，使其完全低于所观测到的极限值。更为重要的是，膨胀宇宙学还能解决（或至少减少）所观测到的微波背景辐射的均匀性带来的矛盾。如果我们看到的两束光线来自天空相距超过大约 2° 的点，那它必定是在宇宙达到 100 万岁时，从相距很远的光源上发射过来的，这些光源的距离是如此遥远，以至于任何信号都没有时间以低于光速的速度从一个光源传播到另一个光源。但话又说回来，什么物理机制能使微波辐射强度在各个方向上都产生几乎相同的观测强度呢？我们如何解释这个事实，即微波辐射温度在大于 7° 的角度上几乎是均匀的——其均匀程度是如此高，以至于近年来，我们才根据 COBE 卫星的观测结果，发现了与均匀性相背离的情况？在膨胀宇宙学中，物理过程在早期膨胀时期有足够的时间使物质和能量的分布变得均匀，并使宇宙微波背景辐射产生高度的观测均匀性。

现在，膨胀宇宙学可分为几种类型。其中一种类型认为，膨胀不是相变延迟的结果，而是由某个场中的局部化量子波动暂时驱动真空能量，使其在一个小区域内的数值高于正常值，随后这一个小区域又膨胀为巨大的规模。根据这种描述，我们的“宇宙”，这个我们从地球上看到的几十亿光年大的不断膨胀的星系云，仅仅是一个更大宇宙中的小宇宙，而这个更大的宇宙会一直孕育更多新的小宇宙。

膨胀宇宙学提出了两个特征预测。其中一个是，质量密度必定非常接近临界值。另一个是，微波背景辐射中的不均匀性在大于 2° 的标度上呈独特的“平缓”角分布。膨胀宇宙学认为，这种不均匀性是在膨胀的作用下扩大了的量子波动。这两种预测均与实验结果一致。宇宙质量密度非常接近临界值，使人觉得二者是相等的；COBE 所研究的宇宙微波背景辐射中的不均匀性也的确遵循着平缓的分布定律。不过，遗憾的是，这两个预测都不是膨胀宇宙学独有的。事实上，在膨胀宇宙学得到发展之前，就有人提出过这两个预测。关于哪种类型的天文观测能够证实膨胀观点，还尚不确定。自 1977 年以来，观测宇宙学所取得的引人注目的进展，对巩固标准“大爆炸”宇宙学作出了巨大的贡献，但理论家所思考的问题和天文学家所能够观测到的东西之间的差距却一直存在。

基本粒子物理学近来的情况也大致相同。自 1977 年以来，已经有一系列伟大的实验进行完毕——最引人注目的是，1983—1984 年，科学家发现了发射弱核力的 W 粒子和 Z 粒子。因此，人们已不再严重怀疑电磁力以及弱核力和强核力标准模型的正确性了。特别是现在，强相互作用的“渐近自由”理论不断取得的成功，已使在第 7 章中所讨论的关于最高温度为两万亿开尔文（2×10^{32} K）的推测失去了意义。在更高的温度下，核粒子会分解成它们的组成成分夸克，简单地说，宇宙的物质会表现为夸克、轻子和光子的气体。只有当温度达到两万亿开尔文时，关于物质的描述才会变得极其困难，在这个温度下，引力变得与其他力一样强大。理论学家一直在推测在这些温度下支配物质的理论，但要对这些推测进行直接验证，我们还有很长的一段路要走。

自 1977 年以来，科学家们所研究的最令人兴奋的一个推测性理论是弦论。在弦论中，科学家用来描述物质的不是粒子，而是弦——时空中微小的一维不连续。弦可以是无数振动模式中的其中任何一种模式，在我们看来，每种模式都是基本粒子的一个不同种类。引力在弦论中似乎不仅是自然的，也是必然的；引力辐射的量子是闭合弦的振动模式之一。在现代弦论中，也许有一个最高温度，但它约为 10^{32} K 而非 10^{12} K。

遗憾的是，有成千上万种弦论，我们并不清楚如何评估它们的结果或为何是使用这种弦论而非那种弦论来描述宇宙。但弦论的其中一个方面对宇宙学而言有着极其重要的潜在意义。我们所熟悉的四维时空连续不是弦论真正的基本组成部分，而是用来近似描述大自然的，这种描述只有在温度低于 10^{32} K 时才有效。也许，我们真正的问题并不在于理解宇宙的初始，甚至不是确定宇宙是否的确存在一个起点，我们真正的问题在于在时空没有任何意义的情况下去认识自然。

参考文献

A. *Cosmology and General Relativity*

The following treatises provide an introduction to various aspects of cosmology, and to those parts of general relativity relevant to cosmology, on a level that is generally more technical than that of this book.

Bondi, H.*Cosmology* (Cambridge University Press, Cambridge, England, 1960). By now somewhat out of date, but contains interesting discussions of the Cosmological Principle, steady-state cosmology, Olber's paradox, and so on. Very readable.

Eddington, A.S.*The Mathematical Theory of Relativity*, 2nd ed. (Cambridge University Press, Cambridge, England, 1924). For many years the leading book on general relativity. Historically interesting early discussion of red shifts, de Sitter model, and so on.

Einstein, A., et al.*The Principle of Relativity* (Methuen and Co., Ltd., London, 1923; reprinted by Dover Publications, Inc., New York). Invaluable reprints of original papers on special and general relativity by

Einstein, Minkowski, and Weyl, in English translation. Includes reprint of Einstein's 1917 paper on cosmology.

Field, G.B.; Arp, H.; and Bahcall, J.N.*The Redshift Controversy* (W.A. Benjamin, Inc., Reading, Mass., 1973). A remarkable debate on the interpretation of red shifts in terms of a cosmological recession, plus useful reprints of original articles.

Hawking, S.W., and Ellis, G.F.R.*The Large Scale Structure of Space-Time* (Cambridge University Press, Cambridge, England, 1973).Rigorous mathematical treatment of the problem of singularities in cosmology and gravitational collapse.

Hoyle, Fred. *Astronomy and Cosmology—A Modern Course* (W.H.Freeman & Co., San Francisco.1975).An elementary astronomy textbook, with more of an emphasis on cosmology than usual. Very little mathematics used.

Misner, C.W.; Thome, K.S.; and Wheeler, J.A.*Gravitation* (W.H. Freeman & Co., San Francisco, 1973).Up-to-date, comprehensive introduction to general relativity by three leading professionals. Some discussion of cosmology.

O'Hanian. Hans C.*Gravitation and Space Time* (Norton & Company, New York.1976). A textbook on relativity and cosmology for undergraduates.

Peebles, P.J.E. *Physical Cosmology* (Princeton University Press, Princeton, 1971).Authoritative general introduction, with strong emphasis on observational background.

Sciama, D.W.*Modern Cosmology* (Cambridge University Press, Cambridge, England, 1971). Very readable broad introduction to cosmology and other topics in astrophysics. Written at a level "intelligible to readers with only a modest knowledge of mathematics and physics," with equations held to a minimum.

Segal, I.E.*Mathematical Cosmology and Extragalactic Astronomy* (Academic Press, New York, 1976).For one example of a heterodox but thought-provoking view of modern cosmology.

Tolman. R.C.*Relativity, Thermodynamics, and Cosmology* (Clarendon Press, Oxford, 1934). For many years the standard treatise on cosmology.

Weinberg, Steven. *Gravitation and Cosmology: Principles and Applications of the General Theory of Relativity* (John Wiley & Sons, Inc., New York.1972). A general introduction to the General Theory of Relativity. About one-third of the volume deals with cosmology. Modesty forbids further comment.

B. *History of Modern Cosmology*

The following include both firsthand and secondary sources for the history of modern cosmology. Most of these books use little mathematics, but some assume a measure of familiarity with physics and astronomy.

Baade, W.*Evolution of Stars and Galaxies*. (Harvard University Press, Cambridge, Mass., 1968). Lectures given by Baade in 1958, edited from tape recordings by C.Payne-Gaposchkin. Highly personal account of the development of astronomy in this century, including the development of the extragalactic distance scale.

Dickson, F.P.*The Bowl of Night* (M.I.T. Press, Cambridge, Mass., 1968). Cosmology from Thales to Gamow. Contains facsimiles of original articles by de Cheseaux and Olbers, on the darkness of the night sky.

Gamow, George. *The Creation of the Universe* (Viking Press, New York, 1952). Not up to date but valuable as a statement of Gamow's point of view circa 1950. Written for the general public, with Gamow's usual charm.

Hubble, E.*The Realm of the Nebulae* (Yale University Press, New Haven, 1936; reprinted by Dover Publications, Inc., New York, 1958). Hubble's classic account of the astronomical exploration of galaxies, including the discovery of the relation between red shift and distance. Originally delivered as the 1935 Silliman lectures at Yale.

Jones, Kenneth Glyn. *Messier Nebulae and Star Clusters* (American-El-sevier Publishing Co., New York, 1969). Historical notes on the Messier catalog and on the observations of the objects it contains.

Kant, Immanuel. *Universal Natural History and Theory of the Heavens*. Translated by W. Hasties (University of Michigan Press, Ann Arbor, 1969).Kant's famous work on the interpretation of the nebulae as galaxies like our own. Also includes a useful introduction by M.K. Munitz, and a contemporary account of Thomas Wright's theory of the Milky Way.

Koyré, Alexandre. *From the Closed World to the Infinite Universe* (Johns Hopkins Press, Baltimore, 1957; reprinted by Harper & Row, New York, 1957). Cosmology from Nicholas of Cusa to Newton.Contains interesting account of the Newton-Bentley correspondence concerning absolute space and the origin of stars, including useful excerpts.

North, J.D.*The Measure of the Universe* (Clarendon Press, Oxford, 1965). Cosmology from the nineteenth century to the 1940s. Very detailed account of the beginnings of relativistic cosmology.

Reines, F., ed. *Cosmology, Fusion, and Other Matters: George Gamow Memorial Volume* (Colorado Associated University Press.1972).Valuable firsthand account by Penzias of the discovery of the microwave background, and by Alpher and Herman of the development of the "big bang" model of nucleosynthesis.

Schlipp, P.A., ed. *Albert Einstein: Philosopher-Scientist* (Library of Living Philosophers, Inc., 1951; reprinted by Harper & Row, New York, 1959). Volume 2 contains articles by Lemaitre on Einstein's introduction of the "cosmological constant," and by Infeld on relativistic cosmology.

Shapley, H., ed. *Source Book in Astronomy 1900-1950* (Harvard University Press, Cambridge, Mass., 1960). Reprints of original articles on cosmology and other areas of astronomy, many unfortunately abridged.

C. *Elementary Particle Physics*

There are as yet no books that deal on a nonmathematical level with most of the recent developments in elementary particle physics discussed in Chapter VII. The following article should provide an introduction of sorts:

Weinberg, Steven, "Unified Theories of Elementary Particle Interaction," *Scientific American*, July 1974, PP. 50-59.

For a more comprehensive introduction to elementary particle physics that is soon to be published, see: Feinberg, G. *What is the World Made of? The Achievements of Twentieth Century Physics* (Garden City: Anchor Press/ Doubleday, 1977).

For an introduction written for specialists, with references to the original literature, see either of the following:

Taylor, J.C. *Gauge Theories of Weak Interactions* (Cambridge University

Press, Cambridge, England, 1976).

Weinberg, S. "Recent Progress in Gauge Theories of the Weak, Electromagnetic, and Strong Interactions," *Reviews of Modern Physics*, Vol.46, pp.255-277 (1974).

D. *Miscellaneous*

Allen, C.W.*Astrophysical Quantities*. 3rd ed. (The Athlone Press, London.1973).A handy collection of astrophysical data and formulas.

Sandage, A.*The Hubble Atlas of Galaxies* (Carnegie Institute of Washington, Washington, D.C., 1961).A large number of beautiful photographs of galaxies, assembled to illustrate the Hubble classification scheme.

Sturleson, Snorri.*The Younger Edda*, translated by R.B.Anderson (Scott, Foresman & Co., Chicago, 1901). For another view of the beginning and end of the universe.

图书在版编目（CIP）数据

最初三分钟：关于宇宙起源的现代观点 / (美) 史蒂文·温伯格 (Steven Weinberg) 著；王丽译. --重庆：重庆大学出版社, 2018.4
（微百科丛书）
书名原文: The First Three Minutes: A Modern View of the Origin of the Universe
ISBN 978-7-5689-1053-8

Ⅰ.①最… Ⅱ.①史…②王… Ⅲ.①宇宙—起源—普及读物 Ⅳ.①P159.3-49

中国版本图书馆CIP数据核字（2018）第069557号

最初三分钟：关于宇宙起源的现代观点
ZUICHU SANFENZHONG: GUANYU YUZHOU QIYUAN DE XIANDAI GUANDIAN
［美］史蒂文·温伯格（Steven Weinberg） 著
王 丽 译

策划编辑：王 斌 张家钧
责任编辑：文 鹏 姜 凤
责任校对：刘志刚
装帧设计：韩 捷

重庆大学出版社出版发行
出版人：易树平
社址：（401331）重庆市沙坪坝区大学城西路21号
网址：http://www.cqup.com.cn
印刷：北京盛通印刷股份有限公司

开本：890mm×1240mm 1/32 印张：7.625 字数：141千
2018年6月第1版 2018年6月第1次印刷
ISBN 978-7-5689-1053-8 定价：54.00 元

THE FIRST THREE MINUTES: A Modern View of the
Origin of the Universe by Steven Weinberg.

版贸核渝字（2013）第295号